中南财经政法大学中央高校基本科研业务费专项资金资助项目（2722020JCG069，2722020JCTD034）暨
国家自然科学基金青年项目（61902162）成果

Research on
Secure Outsourcing Technology
in Cloud Computing

云平台下的
安全外包技术

杨阳 著

WUHAN UNIVERSITY PRESS
武汉大学出版社

图书在版编目(CIP)数据

云平台下的安全外包技术/杨阳著.—武汉：武汉大学出版社，2021.4
ISBN 978-7-307-21757-7

Ⅰ.云…　Ⅱ.杨…　Ⅲ.计算机网络—安全技术—研究
Ⅳ.TP393.08

中国版本图书馆 CIP 数据核字(2020)第 165350 号

责任编辑:沈岑砚　　责任校对:汪欣怡　　版式设计:马　佳

出版发行：**武汉大学出版社**　(430072　武昌　珞珈山)
(电子邮箱:cbs22@ whu.edu.cn　网址：www.wdp. com.cn)
印刷:武汉邮科印务有限公司
开本:720×1000　1/16　印张:10.5　字数:188 千字　插页:1
版次:2021 年 4 月第 1 版　2021 年 4 月第 1 次印刷
ISBN 978-7-307-21757-7　定价:30.00 元

前　言

随着信息化建设的不断推进，全球数据量呈现出爆炸性的增长。因此，在大数据时代，无论是政府、企业还是个人都存在大量的数据需要存储和计算，这将会导致本地的存储和计算资源严重不足。如何有效地处理这些海量的数据，成为了亟待解决的问题。在传统的数据处理系统中，用户不仅需要自己购买存储和计算资源来搭建相应的数据处理系统，还需要自己对数据处理系统进行长期的维护和管理。通常，数据处理系统的维护和管理成本要比初始硬件购置成本高 5~10 倍。随着云计算技术的横空出世，这一成本问题得到了很好的解决[1][2]。在云计算系统中，本地资源受限的用户不再需要关注数据管理系统的具体构建和维护，更不需要关注扩容和容错等技术难题，只需要将自身的海量数据和计算外包至功能强大的云服务器，由云服务器完成数据的存储和计算，用户则无需再在本地存储数据和进行大规模计算。这将会为用户带来如下两个明显的好处[3][4]：(1) 用户可以省去购买、维护和管理相关软件和硬件设备的费用和精力；(2) 用户可以通过任何可连网的装置，在任何时间、任何地方连接到云平台进行数据的访问。因此，无论是从实用性还是经济性的角度，云计算系统相对于传统数据处理系统存在巨大的性能优势。

目前，各国政府、企业不约而同地对云计算技术展开了积极而又广泛的战略布局，以期在未来的科技竞争中掌握主动权。截止到现在，亚马逊、苹果、谷歌、微软、高通、腾讯以及阿里巴巴等大型公司都已经为大量的用户提供了各种各样的云服务。值得注意的是，虽然云计算技术可以带来巨大的经济效益，但同时也会带来巨大的安全挑战[5]-[13]。

首先，云服务商提供的计算和存储平台也不是万无一失、绝对安全的。云平台内部同样存在不少的安全隐患：(1)云平台的操作人员有可能因为误操作或者恶意操作，非法访问和篡改云服务用户的数据。2017 年 1 月，GitLab 的员工误删除了数据库服务器中的数据库目录，导致客户的生产数据(包括对项目、评论和账户的修改等)出现了永久性丢失。(2)云平台不可避免地存在软件错误、硬件故障和传输异常的可能，使得用户的外包存储数据和计算结果出现异常。2018 年 1 月和 7 月，阿里云存储服务器的磁盘分区表损坏(硬件故障)和腾讯云存储服务器的物理硬盘固件版本错误(软件错误)分别导致自己用户的部分数据无法恢复。(3)云服务商出于自身经济利益的考虑，有可能在未分配存储资源的情况下，欺骗用户已经分配了相应的存储和计算资源。例如：云平台也可能会丢弃很少被访问的用户数据，回收相应的存储资源；云平台可能会将一个随机数值作为外包计算结果反馈给用户，从而节省计算资源以处理其他业务。因此，这些客观存在的不安全因素，必然会导致用户无法完全相信云平台的外包存储数据和计算结果是绝对安全的。

其次，云服务商提供的平台依然处于不安全的网络环境中，不可避免地面临着各种各样的网络安全威胁。(1)由于云平台的数据往往包含大量用户的隐私(例如：个人基本信息、账号密码和商业机密等)，因此极易成为攻击者的重点目标。(2)云平台包含各种各样类型的软件和硬件设备，往往规模巨大并且结构复杂，这将会使得攻击者具有更多的切入点以发起恶意攻击。(3)云平台具有前所未有的开放性，这将会大大地降低攻击者的攻击门槛。根据国家互联网应急中心的研究，云平台在 2018 年已成为网络攻击的重灾区，在各类型网络安全事件数量中，云平台上的 DDoS(Distributed Denial of Service)攻击次数、被植入后门的网站数量、被篡改的网站数量均占比超过 50%，并且呈现上升趋势。这些数量巨大的网络攻击，必将使得云平台面临严峻的安全挑战。

最后，用户和云服务提供商分别作为独立的经济实体，决定了云服务商在提供服务过程中有可能为了维护自身的名誉和经济利益而恶意地欺骗云服务用户。例如，云平台在用户的外包计算和数据存储服务发生异常时，很有可能不仅不会主动通知用户出现数据丢失，甚至还会极力掩盖此类安全事件，以降低对自身的不利影响。例如：2017 年 6 月，多个社交媒体曝光苹果 iCloud Backup 服务的可用性问题，然而苹果公司却拒不承认 iCloud Backup 服务存在异常。因此，用户有必要对云平台的外包计算和存储数据进行有效的监控，以便及时准确地掌握自己外包计算结果的正确性和存储数据的完整性，确保自身的合法权益不被暗地侵犯。

综上所述，云平台下的安全外包技术既是富有挑战性的，同时也是十分有意义的。根据 Gartner 机构最近的调查结果，70%以上受访企业的负责人对云平台的不安全因素存在严重的担忧。因此，如果不能有效地应对这些安全挑战，将会严重地制约云计算技术的进一步推广和发展。

本书共分为七章，各章节的内容主要安排如下：

第一章，介绍了云平台下安全外包技术的研究现状，包括基本的安全外包云存储方案、支持第三方审计的安全外包云存储方案、基于用户身份的安全外包云存储方案和安全外包云计算方案等。

第二章，首先介绍了与安全外包云存储和计算方案相关的基础数论知识，然后在此基础上介绍了置换函数、同态密码、哈希散列函数、椭圆曲线算法、经典密码学的计算困难问题和格密码等密码学知识，最后着重介绍了网络安全基础知识。

第三章，构建了由同态加密算法(HES)到安全外包云存储方案的转化方法。不仅使得云存储用户能够通过数据完整性审计发现数据异常，而且还利用两个索引向量实现了数据动态更新功能的扩展，即数据动态更新不会影响完整性审计结果的正确性。根据所提出的转化方案，分别基于乘法同态的 RSA、加法同态的 Pallier 和全同态的 DGHV (Dijk, Gentry, Halevi and Vaikuntanathan)设计了三个不同的安全外包云存储方案。实验结果表明，本书所设计的转换方案是有效的，并且基于低复杂度 HES 所设计的安全外包云存储方案相对于现有方案具有一定的性能优势。

第四章，基于离散对数问题(DLP)设计了支持第三方审计的安全外包云存储方案。在保障用户隐私的前提下，通过公正客观的第三方审计器(TPA)完成云存储数据的完整性审计，有效地避免了云服务商及其用户对于数据完整性审计结果而可能出现的争议。所设计的方案仅仅只利用一个索引向量就实现了用户数据动态更新功能的扩展，进一步降低了系统负载。通过实验对比现有方案可以发现，本书所设计的方案有着更好的性能表现。

第五章，分别利用三种不同的思路实现了利用格密码中的错误学习问题(RLWE)来设计基于用户身份的安全外包云存储方案。在保障数据完整性审计功能的前提下，利用密钥生成中心(KGC)来基于用户的身份生成和分配相关的密钥，消除云存储用户分别维护自身公钥和私钥所引入的证书管理的负载。通过理论分析和实验仿真表明，本书的方案相对于现有方案具有一定的性能优势。

第六章，介绍了安全外包云计算的系统模型，并重点介绍了如何利用随机置换函数来设计大规模线性矩阵方程求解问题的安全外包计算方案，不仅实现了用户的隐私保障和外包计算结果的可验证性等安全目标，还保证了较高的运行效率。

第七章，基于前述各章的研究内容，对本书进行了总结，并对未来的研究方向进行了展望。

在本书的完成过程中，非常感谢陈艳姣、陈晶、何发智以及陈飞等专家作出的重要贡献，以及孙莹、杨卓然等对本书的编写所提供的帮助。另外，本书还参考了一些国内外专家和同行的论文及书籍，在此一并向相关作者表示衷心的感谢！

由于作者的水平所限制，本书难免存在着遗漏或者不足之处，欢迎读者的批评和指正！

作　者

2019 年 5 月 5 日

于中南财经政法大学

目　　录

第一章　绪　　论

基于云平台所面临的安全问题，本章分别介绍基本的安全外包云存储技术、支持第三方审计的安全外包云存储技术和基于用户身份的安全外包云存储技术以及安全外包云计算技术。

第一节　安全外包云存储技术

一、基本的安全外包云存储技术

安全外包云存储技术作为一个热门的研究方向，已经得到了研究人员的大量关注[14]。安全的云存储方案主要是指用户在没有原始数据的情况下，通过不定期的数据完整性审计来检验云存储数据是否完整。方案设计的核心思想是：(1)用户发起完整性审计请求；(2)云平台依据用户完整性审计请求依次访问本地存储的用户数据，生成数据完整性证据并反馈至用户；(3)用户依据云平台反馈的完整性证据来验证云存储数据是否依然完整。为了实现数据完整性审计功能，通常需要云平台的完整性证据能够满足某种等式关系，使得审计用户能够通过验证等式是否成立来判断云存储数据是否完整[15]。

最初，Deswarte 等人[16]和 Filho 等人[17]分别基于 RSA (Rivest-Shamir-Adleman) 算法[18]和欧拉-费马定理来设计安全外包云存储方案。为了生成可验证的数据完整性证据，这两个方案需要数据存储服务器先将用户数据按比特转换为整数，然后作为指数进行模幂运算。因此，这两个方案的计算负载都十分的巨大，使得它们只能应用于小文件的完整性审计。为了解决这一性能问题，Sebe 等人[19]利用 n 阶整数群上的 Diffie-Hellman 问题[20]提出了一个改进的方案。该方案需要用户先将数据分割成固定大小的数据块，然后再外包存储至数据服务器。此时，数据存储服务器仅仅需要利用数据块作为指数进行模幂运算就能够得到可验证的数据完整性证据。相对于 Deswarte 等人[16]和 Filho 等人[17]的方案以整个文件为指数做模幂运算，Sebe 等人的方案[19]的计算负载明显会降低很多。然而，Sebe 等人的方案[19]也存在如下两个明显的不足：(1)用户私钥由每个数据块的信息摘要值组成，因此只有当每个数据块的长度都远远大于它们的信息摘要长度时，用户在外包存储数据之后才能够有效地降低本地的存储负载；(2)数据存储服务器在生成可验证的数据完整性证据时，需要遍历所有数据块，当外包存储数据的规模巨大时，审计效率会非常低下。随后，Shah 等人[21]利用哈希散列函数[22]设计了安全外包云存储方案。该方案的实现主要包含如下步骤：(1)用户先将待外包存储的数据依次结合若干个随机数生成信息摘要，并将相应的随机数和信息摘要存储在本地；(2)在数据完整性审计请求中，用户选择一个本地存储的随机数，发送到数据存储服务器；(3)在生成可验证的数据完整性证据时，数据存储服务器结合用户随机数和外包存储数据重新计算信息摘要，并作为完整性证据反馈至用户；(4)用户将完整性证据与本地预先存储的信息摘要值进行比对，如果一致，则认为数据完整；否则认为数据丢失。该方法虽然构造简单并且方便实现，但是存在一个重大的缺陷：由于用户存储的摘要信息是一次性的，因此用户发起的数据完整性审计次数不能超过用户预先存储的信息摘要数目。在遍历完本地所有摘要信息后，用户需要先从数据存储服务器下载自身数据，再生成新的随机数并重新计算数据的摘要信息，这将导致系统的通信负载非常巨大[21]。此外，为了生成可验证的完整性证据，数据存储服务器需要遍历审计用户的外包存储数据，因此计算负载也比较高。为了进一步地提高性能，Oprea 等人[23]基于可调分组密码和熵值性质设计了安全的外包云存储方案。虽然该方案可以有效地降低数据审计的计算负载，但是在大规模用户数据外包存储时，数据完整性审计的通信负载依然比较高。

上述方案都属于早期的安全外包云存储方案，它们具有如下共同的特点：(1)数据存储服务器需要遍历所有用户外包存储数据才能生成可验证的完整性证据，当用户外包存储大规模数据时，数据完整性的审计效率将会变得十分低下；(2)与数据完整性审计相关的存储负载和通信负载会随着外包存储数据量的增加而变大，导致实际的应用范围有限。

2007 年，Ateniese 等人[24]创新性地提出了可验证数据持有(Provable Data Possession，PDP)方案来实现用户数据的安全外包云存储。在该方案中，用户首先利用 Sebe 等人的分块方法[25]，将用户数据分割成固定大小的数据块进行处理。然后将每个数据块和相应的数据标签一起外包存储在远端的数据服务器。主要包括如下三个步骤：(1)用户针对每个数据块，利用 RSA 算法和二次剩余[26]生成相应的数据标签；(2)在数据完整性审计请求中，用户指定被审计数据块的索引信息；(3)数据存储服务器基于用户的审计请求，对数据块和数据标签分别进行聚合处理，从而得到两个大整数，形成被审计数据块的完整性证据。通过上述步骤，可以看到：(1)由于用户只需要存储系统密钥，因此存储负载较小；(2)由于生成的数据完整性证据只包含两个大整数，与被审计数据块的数量无关，因此通信负载较低；(3)由于避免了遍历所有用户数据块生成可验证完整性证据，审计效率得到了显著地提升。因此，Ateniese 等人方案[24]可以很好地解决早期方案中存在的性能问题。在同一年，Jules 等人[27]提出了利用数据可取回性证明(Proof of Retrievability，PoR)方案来设计用户数据的安全外包云存储。由于 PoR 方案使用了纠删码，所以在检测到数据丢失时还能够支持数据恢复。相对于 PDP 方案，PoR 方案具有更加优越的安全性能。但是 PDP 方案也有着如下优点：设计简单、运行效率高，以及具有良好的功能扩展性。目前，数据存储服务器往往会异地备份多份用户数据，也能够有效地保障丢失数据的正常恢复，因此 PDP 方案相对于 PoR 方案具有更加广阔的应用前景，后续的安全外包云存储方案也将更多地基于 PDP 方案展开进一步的研究。

Shacham 等人[28]基于 PDP 框架提出了不依赖于二次剩余的安全外包云存储方案。它的基本思想是在数据预处理阶段，用户利用 RSA[29]或者双线性映射技术[30]-[34]依次为每个数据块生成一个数据标签，实现云存储数据的完整性审计功能。最近，安全外包云存储方案与其他网络安全技术的交叉结合也引起了不少的关注。Chen 等人[35]提出了由任意网络安全技术到安全外包云存储方案的转换方法，并利用两个不同的网络安全编码技术[36][37]分别实现了两个安全外包云存储方案。由于网络安全技术涵盖面广，因此如何构建由其他网络安全技术到安全外包云存储方案的转化方法，设计更多实用的安全外包云存储方案仍是一个值得挖掘和研究的问题。

上述安全外包云存储方案都是基于单个云服务器进行设计的。然而，在云存储的实际应用中，用户也很有可能会将数据外包存储到多个云服务器进行分布式存储。为了应对这一场景的安全挑战，Curtmola 等人[38]利用纠错码设计了多云存储数据的安全外包存储方案，有效地解决了多个云存储数据副本的完整性验证问题。但是，在该方案中，由于数据编码的计算复杂度较高，因此方案的运行效率较低。随后，Bowers 等人[39]利用双层纠删码提出了多云存储数据的安全外包存储方案，Hao 等人[40]利用同态认证和双线性映射设计了多云存储数据的安全外包存储方案。然而，这两个方案同样面临着运算效率较低的性能问题。为了解决这些性能问题，Chen 等人[41]基于网络安全编码提出了多云存储数据的安全外包存储方案，在一定程度上降低了方案的运算负载。Wang 等人[42]利用同态令牌和分布式纠删码改进了多云存储数据的安全外包存储方案，进一步地提高了方案的计算效率。Cao 等人[43]利用 LT (Luby Transform)码提出了多云存储数据的安全外包存储方案，可以有效地降低数据的编码负载。由于在多云存储模型中，用户数据得到了多次备份，因此用户外包存储数据的完整性得到了更加完善的保障。在实际生活中，用户有可能会频繁地更新数据，但是多云存储的数据完整性审计方案并不能有效地支持云存储数据的动态更新，导致了此类方案的应用范围有限。

随着云计算技术的普及应用，越来越多用户选择将自身数据外包存储在云服务器，因此研究如何高效安全地实现用户数据的安全外包云存储仍将是十分有意义的。

二、支持第三方审计的安全外包云存储方案

由于用户和云服务器分别隶属于不同的安全域，因此双方有可能对数据完整性的审计结果产生争议。为了解决这一问题，有必要在安全外包云存储方案中引入客观公正的第三方审计器。通常，TPA 需要得到用户和云服务商的共同信任。用户委托专业的 TPA 进行数据完整性审计，虽然会产生额外的经济支出，但是也会带来如下优点：(1)可以完全地消除用户因不定期的数据审计而引入的存储、通信和计算负载，进一步地降低用户的运行负载；(2)完全规避掉用户和云服务器之间可能存在的审计争议。因此，支持第三方审计的安全外包云存储方案也具有一定的市场应用前景。

为了保护云存储用户的隐私，支持第三方审计的安全外包云存储方案通常要求 TPA 无法从云服务器发送的数据完整性证据中破译被审计用户的数据[44]。因此，相对于基本的安全外包云存储方案，支持第三方审计的安全外包云存储方案的安全模型和设计结构将会变得更加的复杂。

基本的安全外包云存储方案设计所基于的安全模型和系统模型并未考虑 TPA 这一第三方组件，因此无法直接兼容 TPA 进行安全的数据完整性审计。为了实现 TPA 的数据完整性审计功能，Wang 等人[45]基于双线性映射设计了支持第三方审计的安全外包云存储方案。另外，该方案基于 Merkle 哈希树[46][47]实现了数据动态更新功能的支持，其中的关键之处在于使用 Merkle 哈希树的叶节点存储用户数据块的哈希散列值，使得用户数据块标签的计算并不涉及用户数据块的索引信息。这就意味着，用户数据块的动态更新所导致的数据块索引号变化，将不会导致用户数据块标签的重新计算，因此 Wang 等人的方案[45]可以有效地支持用户数据块的插入、删除和修改等操作。但是，该方案需要用户保证外包存储数据块的大小各不相同，否则不同的用户数据块有可能会对应相同的标签值，导致云服务器在用户数据丢失时，通过发起替换攻击仍然能通过 TPA 的数据完整性验证。为了进一步地提高安全性，Zhu 等人[48]基于双线性映射设计了支持第三方审计的安全外包云存储方案，并通过随机掩码技术来保障云存储用户的隐私性。在该方案中，用户需要生成若干随机数用于外包存储数据的掩码处理，使得 TPA 无法从云服务器的完整性证据中恢复出用户的数据。另外，该方案基于零知识协议[49]和索引表来实现用户数据的动态更新，其中的关键之处在于通过索引表来维护每个数据块的变更记录，包括索引号、版本号和随机数三个部分。该索引表使得用户可以利用数据块的变更记录来保障完整性验证的正确性。随后，Yang 等人[50]也基于双线性映射提出了支持第三方审计的安全外包云存储方案。该方案通过公认的计算困难问题——离散对数问题，使得 TPA 无法从云服务器的数据完整性证据中恢复用户的数据，从而可以很好地保障用户的隐私性。和 Zhu 等人的方案[48]一样，Yang 等人的方案[50]同样基于索引表来实现用户数据的动态更新功能，两者的区别在于：Yang 等人的方案[50]的索引表记录由索引号、版本号和数据块变更时间戳组成。同年，Wang 等人[51]也基于双线性映射提出了支持第三方审计的安全外包云存储方案，并同样利用随机掩码技术来防止用户的隐私泄露至 TPA。和 Wang 等人的方案[45]一样，该方案同样利用 Merkle 哈希树来实现用户数据的动态更新功能，因此两者存在同样的安全风险。后续的研究者们基于上述这些经典的支持第三方审计的安全外包云存储方案，又相继设计了一些其他方案[52]-[55]。然而，这些方案都是基于双线性映射所设计的。通常，双线性映射是基于椭圆曲线的运算，包含标量加法和标量乘法等计算复杂度较高的运算，这将会导致这些支持第三方审计的安全外包云存储方案的工作性能不够强大，进而制约它们的实际应用范围。因此，支持第三方审计的安全外包云存储方案的设计应该尽量避免引入双线性映射等计算复杂的密码学原语。

截止到目前，还存在通过引入其他第三方组件来实现安全外包云存储的方案。Küpçü 等人[56]和 Jin 等人[57]分别通过引入第三方仲裁器来解决审计冲突，利用公平签名交换协议[58]，设计了相应的安全外包云存储方案。然而，这两个方案只能够解决用户和云服务商由于数据动态更新所引发的冲突争议，并不能有效地仲裁在数据完整性审计过程中存在的冲突争议。Zhang 等人[59]同样基于第三方审计器，利用博弈论提出了安全外包云存储方案，该方案可以有效地降低用户和云服务商发生审计争议的概率。随着安全外包云存储技术的不断普及，不同用户的功能需求很有可能存在着巨大差异。因此，有必要针对不同的应用场景，设计相应的安全外包云存储方案，以匹配不同用户的实际需求。

三、基于用户身份的安全外包云存储方案

上述数据完整性审计方案都是基于 PKI(Public Key Infrastructure)的，因此需要证书授权机构(Certificate Authority，CA)为每个云存储用户颁布一个证书来绑定用户的身份和密钥，这将会导致如下两个明显的不足：(1)CA 需要对大量用户的密钥证书进行生成、存储、更新、分配和撤销等操作，这将导致较高的工作负载；(2)云存储系统各参与方必须通过证书来验证密钥的合法性，这将引入额外的计算负载。

为了解决基于 PKI 的安全外包云存储方案所存在的性能问题，Zhao 等人[60]首次提出了基于用户身份的安全外包云存储方案。在该方案中，每个用户的公钥就是自己的身份(比如：姓名、电子邮箱账户名、用户编号等)，私

钥则由可信的密钥分发中心(Key Distribution Center，KGC)基于用户的身份而生成。因此，基于用户身份的安全外包云存储方案可以不再需要 PKI 管理用户的密钥，从而能够完全消除用户密钥证书管理所引入的工作量，因此可以很好地克服基于 PKI 的安全外包云存储方案的先天缺陷。随后，Wang 等人[61]和 Tan 等人[62]在 Zhao 等人[61]的工作基础上，利用双线性映射技术分别构建了基于用户身份的安全外包云存储方案，这在一定程度上提升了方案的执行效率。

接下来，研究人员基于不同的应用场景，对基于用户身份的安全外包云存储方案继续展开了深入的研究。Wang 等人[63]分析了多云服务器存储数据的完整性验证问题，构建了基于用户身份的安全多云存储方案。Wang 等人[64]通过引入第三方代理组件来处理用户的数据，解决了无法直接访问云服务器的数据审计器如何进行完整性验证的问题，并成功设计了在数据完整性审计代理时，基于用户身份的安全外包云存储方案。Yu 等人[65]设计了新型的安全模型，能够更加严密地描述基于用户身份的安全外包云存储方案的安全性，并基于该安全模型提出了更加安全的基于用户身份的安全外包云存储方案。Liu 等人[66]为了应对量子计算机所带来的安全挑战，利用抗量子计算的 LWE 问题构建了基于用户身份的安全外包云存储方案，该方案可以有效地抵抗量子计算攻击。Li 等人[67]将用户身份视为一个可描述的属性集合，利用属性基的概念设计了基于用户身份的安全外包云存储方案，该方案可以有效地降低用户密钥的管理负载。Shen 等人[68]通过引入第三方安全组件设计了基于用户身份的安全外包云存储方案，该方案可以有效地防止用户隐私信息泄露至云服务器。Wang 等人[69]扩展基于用户身份的安全外包云存储方案支持匿名审计功能，使得云存储用户能够匿名举报服务质量差的云服务商。Zhang 等人[70]扩展基于用户身份的安全外包云存储方案支持审计用户可撤销的功能，使得 KGC 能够快速地撤销云存储用户的数据完整性审计权限。Li 等人[71]为了解决 KGC 的密钥托管问题，利用无证书密码设计了基于用户身份的安全外包云存储方案，并且能够有效地阻止 KGC 利用用户私钥对用户云存储数据进行未经授权地查看、增加、删除和更改。

上述基于用户身份的安全外包云存储方案的设计往往都是基于经典的密码原语，例如：RSA 和离散对数问题等。然而，这些经典的密码原语往往不能够有效地应对量子计算攻击，因此上述基于用户身份的安全外包云存储方案在面对量子计算机时将变得不再安全。为了有效地应对量子计算机所带来的安全挑战，有必要利用抗量子计算密码来设计基于用户身份的安全外包云存储方案。目前，格密码学被广泛地认为可以有效地抵抗量子计算攻击，因此成为设计基于用户身份的安全外包云存储方案的首要选择。目前，Liu 等人[72]是利用抗量子计算的错误学习问题(LWE)设计了基于用户身份的安全外包云存储方案。但是，该方案包含大量的矩阵操作，使得方案的存储、通信和计算负载都比较高。另外，该方案无法让云存储用户通过云服务器的完整性证据来恢复自己的数据，考虑到恶意云服务商可能会提供虚假数据给用户下载，因此该方案存在一定的安全风险。综上所述，有必要进一步地研究如何使得基于用户身份的安全外包云存储方案能够高效安全地抵抗量子计算机的攻击。

第二节 安全外包云计算方案

除了安全外包云存储技术之外，基于云平台的安全外包计算技术也受到了极大的关注。安全外包云计算方案的基本概念是：资源受限的用户将本地大规模的计算外包至功能强大的云平台进行处理。截止到目前，安全外包云计算技术也已经被进行了大量的研究。而且随着云计算技术的不断普及应用，研究人员对安全外包计算方案的研究兴趣仍在持续增长。最初，研究者们希望设计一个通用的安全外包云计算方案，能够实现所有大规模求解问题的安全外包云计算。在 Gentry 突破性地提出了全同态加密(FHE)算法[73]之后，这一美好愿望成为了现实。Gennaro 等人[74]率先基于 FHE 和加密布尔电路[75]设计了通用的安全外包云计算方案，不仅能够有效地防止用户隐私泄露，还能够使得云服务器的外包计算结果具有可验证性。为了提高性能，Chung 等人[76]提出了一个改进的方案，在一定程度上降低了通用安全外包云计算方案的计算复杂度。然而，由于 FHE 算法包含大量极其复杂的计算操作和大规模的电路尺寸，使得 Gennaro 等人[74]和 Chung 等人[76]的安全外包云计算方案的运行负载都非常巨大，无法有效地满足方案实际应用的性能要求。因此，研究者们开始转向研究具体问题的安全外包云计算方案，期望设计出能够切实可用的方案。

到目前为止，针对具体问题的安全外包云计算方案已经被大量地提出。Atallah 等人[77][78]首次提出了面向大规模矩阵乘法、矩阵求逆、线性方程求解、排序和序列比对等问题的安全外包云计算方案。但是，Atallah 等人方案[77][78]的设计并没有考虑云服务器的好奇攻击，因此并不能够很好地保护云计算用户的隐私性。随后，安全外包云计算方案的设计开始着重考虑保障用户的隐私性。Atallah 等人[79]基于不同序列的编辑距离，设计了大规模序列比对问题的安全外包云计算方案。随后，针对序列比对问题，Blanton 等人[80]提出了改进的安全外包云计算方案。虽然仍然是基于序列之间的编辑距离，但是 Blanton 等人[80]的方案设计更加简单。然而，Atallah 等人[79]和 Blanton 等人[80]方案都包含大量的同态加密操作，虽然同态加密比 FHE 的计算复杂度要低很多，但是对于资源受限的用户来说计算复杂度仍然较高。另外，在这两个方案中，外包计算的安全性是由两个非共谋的云服务器来保障的，因此并不能有效地抵抗云服务器之间的串通攻击。Hohenberger 等人[81]面向大规模模指数运算问题，设计了相应的安全外包云计算方案，虽然不再需要同态加密操作，但是计算复杂仍然较高，并且还是不能抵抗不同云服务器的串通攻击。随后，Atallah 等人[82]基于 Shamir 的秘密共享技术[83]，提出了大规模矩阵乘法的安全外包云计算方案。由于 Atallah 等人的方案[82]的实现仅仅只需要一台云服务器，因此从本质上就规避了不同云服务器的串通攻击问题。然而，秘密共享技术会使得矩阵乘法问题的外包计算规模急剧增大，导致 Atallah 等人的方案[82]具有较高的通信负载。此外，Hohenberger 等人[81]和 Atallah 等人[82]都在安全外包云计算方案的设计中，考虑了外包计算结果的正确性验证，从而进一步地提高了方案的安全性。

虽然上述安全外包云计算方案并不足够完善，但是有效地明确了安全外包云计算方案的设计目标：(1)用户隐私性的保障；(2)外包计算结果的可验证性；(3)能够抵抗不同云服务器的串通攻击；(4)方案设计不引入同态加密、FHE 和秘密共享等计算复杂的信息安全技术。基于这些设计目标，后续的外包云计算方案变得越来越安全和高效。Wang 等人[84]提出了大规模线性规划问题的安全外包云计算方案。该方案有效地克服了前述方案的不足之处，能够较好地在实际中部署应用。由于在 Wang 等人的方案[84]中，存在矩阵的乘法运算，因此计算复杂度为 $O(n^{\rho})$ $(2.3 \leqslant \rho \leqslant 3)$ 。虽然 Wang 等人的方案[84]的计算负载已经不再非常复杂，但是对于资源受限的用户来说计算负载当然是越低越好。因此，安全外包云计算方案的研究重点逐渐演变为在保障方案安全性的前提下，尽可能地提高方案的执行效率。Lei 等人[85][86]面向大规模矩阵求逆和求行列式问题，设计了相应的安全外包云计算方案，计算复杂度仅为 $O(n^2)$ 。Zhou 等人[87]设计了矩阵特征值分解和奇异值分解的安全外包云计算方案，计算复杂度也仅为 $O(n^2)$ 。Wang 等人[88]基于迭代逼近的方法，设计了大规模线性方程 $\boldsymbol{Ax}=\boldsymbol{b}$（$\boldsymbol{x}$ 是待求解的向量）的安全外包云计算方案，计算复杂度同样也为 $O(n^2)$ 。然而，Wang 等人的方案[88]需要云服务器和云计算用户之间进行多次的信息交互，导致通信负载较高。为了降低 Wang 等人的方案[88]的通信负载，Chen 等人[89]基于稀疏矩阵设计了大规模线性方程 $\boldsymbol{Ax}=\boldsymbol{b}$ 的安全外包云计算方案，使得云服务器和用户之间的信息交互仅仅需要一次。虽然 Chen 等人的方案[89]在外包计算大规模线性方程 $\boldsymbol{Ax}=\boldsymbol{b}$ 时，计算负载仍然为 $O(n^2)$ ，但是当 Chen 等人的方案[89]在求解大规模线性矩阵方程 $\boldsymbol{AX}=\boldsymbol{B}$（$\boldsymbol{X}$ 是待求解的矩阵）时，其计算负载将会增加到 $O(n^{\rho})$ 。因此，Chen 等人的方案[89]并不能够有效地应用于大规模线性矩阵方程 $\boldsymbol{AX}=\boldsymbol{B}$ 的安全外包云计算。由于大规模计算问题常见于实际应用中，因此针对不同问题的安全外包云计算方案也一直在得到持续的研究[90][91]。

其他和安全外包云计算相关的研究工作主要包括以下三个方面。第一个方面是 Yao[75]提出的安全多方计算（Seure Multi-party Computation，SMC）。在 SMC 模型中，多个独立的计算参与方可以协同计算大规模求解问题，同时保证各自的输入值并不会泄露给其他参与方。目前，多个利用 SMC 解决大规模计算问题的方案已经被提出[92]-[96]。在 SMC 模型中，各计算参与方的计算量通常是一致的。然而，在云平台外包计算模型中，计算量需要尽可能地从用户端向云平台转移，因此 SMC 方案并不能直接转化为安全外包云计算方案。第二个方面是对远端服务器计算结果的正确性检测，以防止用户被恶意欺骗。Golle 等人[97]通过在外包计算问题中插入一些预先知道计算结果的数值，来检测云服务器外包计算结果的可信性。Du 等人[98]基于网格计算来检测云服务器的欺骗行为。但是，在这两个方案中，云服务器都可以访问到用户的原始数据，因此它们无法有效地保障用户的隐私性。第三个方面是以服务器为辅助的大规模计算方案[99][100]。但是，这些方案往往包含计算复杂的密码学操作，例如签名算法、标量加法和标量乘法等运算，因此它们的运行负载普遍比较高，极大地限制了实际应用范围。综上所述，目前一些和安全外包云计算相关的研究领域，它们的研究成果无法直接应用于大规模计算问题的安全外包求解，如何实现两者之间的相互转化也是值得进一步研究的。

在实际生活中，伴随着大数据和云计算时代的来临，资源受限用户的本地计算问题规模将会变得越来越大，种类也会变得越来越多，有的计算问题也许需要很久才能被用户求解，有的计算问题甚至无法被用户求解。因此，针对不同问题的安全外包云计算方案的研究将会是一个持续的和有意义的过程。

第二章 背景知识

本章首先介绍了云平台下安全外包技术所涉及的数论知识，然后在此基础上介绍了置换函数、同态密码、哈希散列函数、椭圆曲线算术、经典密码学的计算困难问题和格密码等密码学知识，最后着重介绍了网络安全基础知识。

第一节 数论知识

本节依次介绍了安全外包云存储和计算方案所依赖的数论知识[101]，包括：模运算、群、环、域和双线性映射等。

一、模运算

集合的模运算性质，如表 2-1 所示。

表 2-1 模运算的性质

性质	表达式
基础性质	$[(a \bmod n)+(b \bmod n)] \bmod n=(a+b) \bmod n$ $[(a \bmod n)-(b \bmod n)] \bmod n=(a-b) \bmod n$ $[(a \bmod n)\times(b \bmod n)] \bmod n=(a\times b) \bmod n$
交换律	$(a+b) \bmod n=(b+a) \bmod n$ $(a\times b) \bmod n=(b\times a) \bmod n$
结合律	$[a\times(b+c)] \bmod n=[(a\times b)+(a\times c)] \bmod n$ $[(a\times b)\times c] \bmod n=[a\times(b\times c)]] \bmod n$
分配律	$[a\times(b+c)] \bmod n=[(a\times b)+(a\times c)] \bmod n$

续表

性质	表达式
单位元	$(0+a)\mod n = a \mod n$ $(1\times a)\mod n = a \mod n$

二、群

群是一个二元运算的集合，这个二元运算可以表示为·。$\mathbb{G}$上运算具备以下性质：

(1) 封闭性。如果任意 a，$b\in\mathbb{G}$，那么 $a\cdot b\in\mathbb{G}$。

(2) 结合律。如果任意 a，$b\in\mathbb{G}$，那么 $a\cdot(b\cdot c)=(a\cdot b)\cdot c$ 成立。

(3) 单位元。$\mathbb{G}$中存在一个元素 e，对于任意 $a\in\mathbb{G}$，都有 $a\cdot e=e\cdot a=a$ 成立，则称 e 是群$\mathbb{G}$的单位元。

(4) 逆元。对于中任意元素 a，$\mathbb{G}$中都存在一个元素 a'，使得 $a\cdot a'=a'\cdot a=e$，则称 a' 为 a 的逆元。

当群中的运算符是加法时，单位元是0，任意元素的逆元是 $-a$。由此定义减法为 $a-b=a+(-b)$。

常见的两种类型的群，如下所示：

第一种，对于任意 a，$b\in\mathbb{G}$，都有 $a\cdot b=b\cdot a$ 成立，则称群$\mathbb{G}$是交换群。

第二种，若存在一个固定元素 $a(a\in\mathbb{G})$，使得群中每一个元素都可以用 a^k(k 为整数) 来表示，则称群$\mathbb{G}$是循环群，而 a 被称为群$\mathbb{G}$的生成元。

三、环

环$\mathbb{R}$ 是一个有两个二元运算的集合，这两个二元运算分别为加法和乘法。环上运算具备以下性质：

(1) 关于加法是一个交换群。在这种情况下，0 表示$\mathbb{R}$ 的单位元，$-a$ 表示 $a\in\mathbb{R}$ 的逆元。

(2) 乘法的封闭性。如果任意 a，$b\in\mathbb{R}$，那么 $ab\in\mathbb{R}$。

(3) 乘法的结合律。对于任意 a，b，$c\in\mathbb{R}$，都有 $a(bc)=(ab)c$ 成立。

(4) 分配律。对于任意 a，b，$c\in\mathbb{R}$，都有 $a(b+c)=ab+ac$ 和 $(a+b)c=$

$ac + bc$ 成立。

常见的两种类型的环，如下所示：

第一种，对于任意 a，$b \in \mathbb{R}$，都有 $ab = ba$ 成立，则称环是交换环。

第二种，环被称为整环，则需要满足：(1) $\mathbb{R}$ 是交换环；(2) 存在元素 $1 \in \mathbb{R}$，使得任意 $a \in \mathbb{R}$，都有 $a1 = 1a = a$ 成立；(3) 如果 a，$b \in \mathbb{R}$，且 $ab = 0$，那么一定有 $a = 0$ 或者 $b = 0$。

四、域

域 $\mathbb{F}$ 是一个有两个二元运算的集合，这两个二元运算分别为加法和乘法。域上运算具备以下性质：

(1) $\mathbb{F}$ 是一个整环。

(2) 乘法逆元。对于任意非零元素 $a \in \mathbb{F}$，存在一个元素 $a^{-1} \in \mathbb{F}$，使得 $aa^{-1} = a^{-1}a = 1$ 成立。

五、双线性映射

假设 $\mathbb{G}_1$、$\mathbb{G}_2$ 和 $\mathbb{G}_T$ 都是阶为素数 p 的乘法循环群，g_1 和 g_2 分别是 $\mathbb{G}_1$ 和 $\mathbb{G}_2$ 的生成元。

双线性映射 $e: \mathbb{G}_1 \times \mathbb{G}_2 \to \mathbb{G}_T$ 满足以下性质[102]：

(1) 双线性。对于任意 $u \in \mathbb{G}_1$、$v \in \mathbb{G}_2$ 和 a，$b \in \mathbb{Z}_p$，都有 $e(u^a, a^b) = e(u, v)^{ab}$ 成立。

(2) 非退化性。存在 $u \in \mathbb{G}_1$ 和 $v \in \mathbb{G}_2$，使得 $e(u, v) \neq 1$ 成立。

(3) 可计算性。存在多项式时间算法计算 $e: \mathbb{G}_1 \times \mathbb{G}_2 \to \mathbb{G}_T$。

其中，$(\mathbb{G}_1, \mathbb{G}_2)$ 被称为双线性群。如果 $\mathbb{G}_1 = \mathbb{G}_2$，则称 $(\mathbb{G}_1, \mathbb{G}_2)$ 为对称双线性群。

第二节　密码学知识

本节依次介绍了安全外包云存储和计算方案所依赖的密码学知识，包括：置换函数、同态密码、哈希散列函数、椭圆曲线算法、经典密码学的计算困难问题和格密码。

一、置换函数

定义在有限集合 X 上的置换为双射函数 π：$X \to X$，即：对任意 $x \in X$，存在唯一的 $x' \in X$，使得 $\pi(x') = x$ 成立。定义 π^{-1}：$X \to X$ 为置换 π 的逆函数，满足 $\pi^{-1}(x) = x'$，当且仅当 $\pi(x') = x$。π^{-1} 也是 X 上的一个置换。

给定集合 $X = \{1, 2, \cdots, n\}$ 的一个置换 π，则可以按照如下方法生成置换 π 的关联置换矩阵 $\boldsymbol{T}(i, j) = (\boldsymbol{t}_{i,j})_{n \times n}$，其中：

$$\boldsymbol{t}_{i,j} = \begin{cases} 1, & i = \pi(j) \\ 0, & \text{其他} \end{cases}$$

此时，$\boldsymbol{T}^{-1}$ 是 π^{-1} 对应的关联置换矩阵[103]。

二、同态密码

在同态密码学中，可以直接对密文进行计算，解密的结果与对明文进行相应计算的结果相同。

假设 $\mathbb{R}$ 和 $\mathbb{S}$ 是域，同态加密函数记为 E：$\mathbb{R} \to \mathbb{S}$，主要分为以下三种类型：

(1) 乘法同态加密。对于任意 x，$y \in \mathbb{R}$，如果存在有效算法 $\otimes$，使得 $E(x \times y) = E(x) \otimes E(y)$ 成立[18][104]。

(2) 加法同态加密。对于任意 x，$y \in \mathbb{R}$，如果存在有效算法 $\oplus$，使得 $E(x \times y) = E(x) \oplus E(y)$ 成立[105][106]。

(3) 全同态加密。E 同时满足加法同态和乘法同态[107]-[111]。

三、哈希散列函数

哈希散列函数是指将任意长度数据映射到较小固定长度数据的任何函数。密码学哈希函数 H 通常需要满足以下五点[112]：

(1) 输入长度可变。H 的输入数据长度可以是任意的。

(2) 输出长度固定。H 的输出哈希散列值长度是固定的。

(3) 效率。对任意给定的输入数据块 x，计算 $H(x)$ 是多项式时间的，用软件或者硬件均可快速实现。

(4) 单向性。对于任意给定的哈希值 h，找到满足 $H(y) = h$ 的 y 在计算上是不可行的，即没有比穷举法更有效的方法。

(5) 抗弱碰撞性。对于任何给定的数据块 x，找到满足 $y \neq x$ 且 $H(x) = H(y)$ 的 y 在计算上是不可行的。

(6) 抗强碰撞性。找到任何满足 $H(x) = H(y)$ 的输入偶对 (x, y) 在计算上是不可行的。

目前，被广泛使用的哈希函数主要有 SHA1、SHA2 和 SHA3 等。

四、椭圆曲线算法

椭圆曲线 E 的基本运算规则：若椭圆曲线上的三个点在一条直线上，则它们的和记为 O。由此可以定义椭圆曲线加法的运算规则[113]：

(1) O 是加法的单位元。这样有 $O = -O$；对于任意 $P \in E$，都有 $P + O = P$。

(2) 点 P 的负元是具有相同 x 坐标和相反 y 坐标的点，即：如果 $P = (x, y)$，那么 $-P = (x, -y)$。因此，椭圆曲线上 x 坐标相同的两个点之和为：$P + (-P) = P - P = O$

(3) 要计算椭圆曲线 E 上 x 坐标不相同的两点 P 与 Q 之和，则在点 P 和 Q 间作一条直线，并找出该直线与椭圆曲线的第三个交点 R。由此可以得到 $P + Q = -R$，也就是说定义 $P + Q$ 为第三个交点(相对于 x 轴的)镜像。

(4) 为了计算点 Q 的两倍，作一条过点 Q 的切线并找出另一交点 S，则 $Q + Q = 2Q = -S$。

依据上述规则，结合椭圆曲线的具体方程即可实现椭圆曲线的加法运算。由于椭圆曲线的乘法被定义为重复相加，因此也可以依据上述规则实现。

五、经典密码学的计算困难问题

假设$\mathbb{G}$为素数 p 阶的乘法循环群，g 是$\mathbb{G}$的生成元，e：$\mathbb{G} \times \mathbb{G} \to \mathbb{G}_T$是一个双线性映射。椭圆曲线 E 是定义在$\mathbb{Z}_p$上的素曲线。

(1) 如果一个算法的运行时间数量级是 $O(n^c)$，其中 n 为输入规模，c 为常数，则称为多项式时间算法。

(2) 如果一个问题不能由多项式时间算法求解，则称该问题为计算困难问题。

(3) 给定一个随机元素 $y = g^x \in \mathbb{G}$，求解 $x \in \mathbb{Z}_p$ 在多项式时间内是计算困难的。该问题称为离散对数问题[114]。

(4) 给定等式 $Q = kP$，其中 P 和 Q 是椭圆曲线 E 上的两个点，求解 $k \in \mathbb{Z}_p$ 在多项式时间内是计算困难的。该问题被称为基于椭圆曲线的离散对数问题[115]。

(5) 随机选择两个素数 a，$b \in \mathbb{Z}_p$，给定三元组 (g, g^a, g^b)，求解 $g^{ab} \in \mathbb{G}$ 在多项式时间内是计算困难的。该问题被称为 CDH(Computable Diffle-Hellman) 问题[116]。

(6) 随机选择三个元素 a，b，$c \in \mathbb{Z}_p$，给定四元组 (g, g^a, g^b, g^c)，判断等式 $g^c = g^{ab}$ 是否成立在多项式时间内是计算困难的。该问题被称为 DDH(Decisional Diffle-Hellman) 问题[117]。

(7) 随机选择三个元素 a，b，$c \in \mathbb{Z}_p$，给定四元组 (g, g^a, g^b, g^c)，求解 $e(g, g)^{abc} \in \mathbb{G}_T$ 在多项式时间内是计算困难的。该问题被称为 BDH(Bilinear Diffle-Hellman) 问题[118]。

(8) 随机选择三个元素 a，b，$c \in \mathbb{Z}_p$，给定五元组 $(g, g^a, g^b, g^c, T \in \mathbb{G}_T)$，判断等式 $T = e(g, g)^{abc}$ 是否成立在多项式时间内是计算困难的。该问题称为 DBDH(Decisional Bilinear Diffle-Hellman) 问题[119]。

六、格密码

假设 Λ 表示一个格，$\boldsymbol{x} \leftarrow D_{\Lambda, c, \sigma}$ 表示样本 $\boldsymbol{x} \in \Lambda$ 服从期望为 $\boldsymbol{c}$ 和方差为 σ 的高斯分布。通常，如果未指定 $\boldsymbol{c}$ 和 σ 的具体值，则可以认为 $\boldsymbol{c} = \boldsymbol{0}$ 和 $\sigma = 1$。假设 $x \leftarrow_U y$ 表示样本 $\boldsymbol{x} \in \boldsymbol{y}$ 服从均匀随机分布，$\boldsymbol{x} \cdot \boldsymbol{y}$ 表示将向量 $\boldsymbol{x}$ 和 $\boldsymbol{y}$ 中的元素按位相乘。

格中的计算困难问题如下所示：

(1) 搜索类型的 LWE 问题是指给定一组 $(\boldsymbol{A}_i, \boldsymbol{A}_i\boldsymbol{r} + \boldsymbol{e}_i)$，利用量子计算机在多项式时间内求解 $\boldsymbol{r} \in \mathbb{Z}_q^m$ 是计算困难的。其中，$\boldsymbol{A}_i \leftarrow_U \mathbb{Z}_q^{n \times m}$、$\boldsymbol{e}_i \leftarrow D_{\mathbb{Z}_q^n, \sigma}$，$\sigma$ 是一个相对较小的数[120]。

(2) 判决类型的 LWE 问题是指利用量子计算机在多项式时间内区分 $(\boldsymbol{A}_i\boldsymbol{r} + \boldsymbol{e}_i)$ 和 $\boldsymbol{s}_i$ 是计算困难的。其中，$\boldsymbol{A}_i \leftarrow_U \mathbb{Z}_q^{n \times m}$、$\boldsymbol{r} \in \mathbb{Z}_q^m$、$\boldsymbol{e}_i \leftarrow D_{\mathbb{Z}_q^n, \sigma}$、

$\boldsymbol{s}_i \leftarrow_U \mathbb{Z}_q^n$，$\sigma$ 是一个相对较小的数[120]。

(3) 搜索类型的环上 LWE(RLWE) 问题是指给定一组($\boldsymbol{a}_i$，$\boldsymbol{a}_i\boldsymbol{r}+\boldsymbol{e}_i$)，利用量子计算机在多项式时间内求解 $\boldsymbol{r}\in\mathcal{R}_q^n$ 是计算困难的。其中，$\boldsymbol{a}_i\leftarrow_U\mathcal{R}_q^n$、$\boldsymbol{e}_i\leftarrow D_{\mathcal{R}_q^n,\sigma}$，$\sigma$ 是一个相对较小的数[120]。

(4) 判决类型的 RLWE 问题是利用量子计算机在多项式时间内区分($\boldsymbol{a}_i\boldsymbol{r}+\boldsymbol{e}_i$) 和 $\boldsymbol{s}_i$ 是计算困难的。其中，$\boldsymbol{a}_i\leftarrow_U\mathcal{R}_q^n$、$\boldsymbol{r}\in\mathcal{R}_q^n$、$\boldsymbol{e}_i\leftarrow D_{\mathcal{R}_q^n,\sigma}$、$\boldsymbol{s}_i\leftarrow_U\mathcal{R}_q^n$，$\sigma$ 是一个相对较小的数[120]。

基于格的离散高斯采样如下所示：

(1) 存在算法 LWETrapGen(n，m，q) 在概率多项式时间生成 $\boldsymbol{A}\in\mathbb{Z}_q^{n\times m}$ 和它的陷门 $\boldsymbol{T}_A\in\mathbb{Z}_q^{m\times m}$，其中 $\boldsymbol{A}$ 均匀随机分布在 $\mathbb{Z}_q^{m\times m}$，$\boldsymbol{T}_A$ 是格 $\Lambda_q^{\perp}(\boldsymbol{A})=\{e\in\mathbb{Z}^m:\ \boldsymbol{Ae}\equiv\boldsymbol{0}(\mod q)\}$ 的基[121]。

(2) 存在算法 LWESamplePre($\boldsymbol{A}$，$\boldsymbol{T}_A$，$\boldsymbol{a}$，σ) 在概率多项式时间生成 $\boldsymbol{b}\in\mathbb{Z}_q^m$ 满足 $\boldsymbol{Ab}=\boldsymbol{a}$，其中 $\boldsymbol{A}\in\mathbb{Z}_q^{n\times m}$ 和 $\boldsymbol{T}_A\in\mathbb{Z}_q^{m\times m}$ 是 LWETrapGen 算法的输出，$\boldsymbol{a}\in\mathbb{Z}_q^n$、$\boldsymbol{b}\leftarrow D_{\Lambda_q^u(A),\sigma}$，$\Lambda_q^u(\boldsymbol{A})=\{e\in\mathbb{Z}^m:\ \boldsymbol{Ae}\equiv\boldsymbol{u}(\mod q)\}$[121]。

(3) 存在算法 LWEBasisDel($\boldsymbol{A}$，$\boldsymbol{T}_A$，$\boldsymbol{R}$，s) 在概率多项式时间生成 $\boldsymbol{B}=\boldsymbol{A}\boldsymbol{R}^{-1}\in\mathbb{Z}_q^{n\times m}$ 和它的陷门 $\boldsymbol{T}_{\boldsymbol{B}}\in\mathbb{Z}_q^{m\times m}$，其中 $\boldsymbol{A}\in\mathbb{Z}_q^{n\times m}$ 和 $\boldsymbol{T}_A\in\mathbb{Z}_q^{m\times m}$ 是 LWETrapGen 的输出，$\boldsymbol{R}\in\mathbb{Z}^{m\times m}$ 是可逆的矩阵，s 是一个相对较小的数[122]。

值得注意的是，当 $\boldsymbol{T}_A$ 未知时，利用量子计算机从 $\boldsymbol{Ab}=\boldsymbol{a}$ 中求解 $\boldsymbol{b}\leftarrow D_{\Lambda_q^u(A),\sigma}$ 是计算困难的，因为它实际上是求解困难性可以规约到 LWE 的小整数解(Small Integer Solution，SIS) 问题[121]。

(4) 存在算法 RLWETrapGen(n，q) 在概率多项式时间生成 $\boldsymbol{A}\in\mathcal{R}_q^n$ 和它的陷门 $\boldsymbol{T}_{\boldsymbol{A}}\in\mathcal{R}_q^k$，其中 $n=k+2$[65]。

(5) 存在算法 RLWESamplePre($\boldsymbol{A}$，$\boldsymbol{T}_A$，α，s) 在概率多项式时间生成 $b\in\mathcal{R}_q^{1\times n}$ 满足 $\boldsymbol{Ab}=\alpha$，其中 $\boldsymbol{A}\in\mathcal{R}_q^n$ 和 $\boldsymbol{T}_A\in\mathcal{R}_q^k$ 是 RLWETrapGen 算法的输出，$\alpha\in\mathcal{R}_q$、$\boldsymbol{b}\leftarrow D_{\mathcal{R}_q^{1\times n}}$，$s$ 是一个相对较小的数[65]。

值得注意的是，当 $\boldsymbol{T}_A$ 未知时，利用量子计算机从 $\boldsymbol{Ab}=\alpha$ 中求解 $\boldsymbol{b}\leftarrow D_{\mathcal{R}_q}$ 是计算困难的，因为它实际上是求解困难性可以规约到 RLWE 的环上 SIS 问题[120]。

第三节 网络安全知识

本节依次介绍了安全外包云存储方案所依赖的网络安全知识，包括：网络安全机制和可证明安全性理论等。

一、网络安全机制

隐私性是指防止用户数据暴露至未经授权的第三方，包括云服务器、第三方审计器等。

完整性是指用户的云存储数据不存在丢失，一直完整无缺地保存在云服务器。

不伪造性是指云服务器在丢失用户云存储数据时，无法通过伪造的用户数据通过任意数据审计方的完整性验证。这里的数据审计方有可能是云存储用户、第三方数据审计器等。

在云存储模型中，最常见的恶意攻击包括：

(1)替换攻击。云服务器试图利用云存储用户未丢失的数据替换异常丢失的数据，通过数据审计方的完整性验证。

(2)伪造攻击。云服务器试图伪造云存储用户的数据，通过数据审计方的完整性验证。

(3)重放攻击。云服务器试图利用已经通过完整性验证的历史完整性证据信息，通过数据审计方的完整性验证。

(4)好奇攻击。第三方审计器试图利用云服务器反馈的数据完整性证据，窃取云存储用户的数据信息。

数据标签是基于数据块经过密码学变换生成的，通常附加在相应的数据块之后。

二、可证明安全性理论

可证明安全性是指在一定的攻击模型下证明安全方案是否能够达到预期的安全目标，通常包含如下三个步骤：

首先，确定所研究方案的安全目标。例如：方案正确性、不可伪造性以及隐私保护性等。

其次，基于攻击者的能力设计攻击模型，详细地刻画攻击者通过何种途径对所研究方案的安全性造成安全性威胁。

最后，根据攻击模型，将攻击者的攻击行为规约成为在多项式时间内求解计算困难问题，从而证明所研究方案的安全性。

综上所述，可证明安全性理论在本质上是一种公理化的研究方法，其所依赖的关键技术在于能够将攻击的攻击行为成功规约到在多项式时间内求解某个计算复杂的困难问题[123][124]。

通常，根据可证明安全性所基于的证明模型，可以将可证明安全性理论划分为标准模型下的可证明安全性和随机预言模型(Random Oracle Model, ROM)[125][126]下的可证明安全性。这两者的主要区别在于：是否在证明过程中引入了可以公开访问的随机预言机。随机预言机主要用于应答攻击者发起的询问请求。在实际的安全性证明过程中，通常选择一个安全哈希散列函数作为随机预言机，通过哈希函数的不可区分性来保证研究方案的安全性。

第四节　小　结

本章主要介绍了本著作所涉及的背景知识，包括数论、密码学和网络安全等知识。在数论知识中，详细介绍了模运算、群、环、域和双线性映射等。在密码学知识中，详细介绍了置换密码、同态密码、哈希散列函数、椭圆曲线算法、经典密码学的计算困难问题和格密码。在网络安全知识中，详细介绍了本著作所涉及的网络安全机制和可证明安全性理论。

第三章　基于同态加密算法设计支持安全外包云存储方案

云存储作为一种经典的数据存储模式，不仅能够随时随地访问，而且能够释放用户的存储资源。因此，云存储技术得到了广泛的关注和应用。然而，由于自身的不安全因素，云平台存储的用户数据并非是万无一失的。而且，为了维护自身的经济利益，云平台往往会尽力掩盖用户数据丢失事件。因此，为了保障用户的权益，有必要对云平台存储数据进行不定期的完整性审计，以实现安全的云存储。

本章基于同态加密算法，提出安全外包云存储方案。第一节首先介绍了系统模型、威胁模型、设计目标以及数学背景等预备知识。第二节提出了由同态加密算法到安全外包云存储方案的通用设计框架。第三节从理论上详尽地分析了所提出方案的正确性、隐私性和安全性。第四节给出了所提出方案的性能评估。第五节对所提出方案进行了数据动态更新功能的扩展。第六节基于所提出的设计框架，分别使用乘法同态的 RSA、加法同态的 Pallier 和全同态的 DGHV 算法设计了相应的安全外包云存储方案。第七节对所提出方案进行了大量的实验仿真。最后，第八节对本章进行了小结。

第一节　基 础 知 识

本节首先介绍本章采用的系统模型和威胁模型，然后给出本章的设计目标和设计框架，最后介绍了安全外包云存储方案的安全模型和相关的数学背景。

一、系统模型和安全挑战

本小节描述了安全外包云存储方案的系统模型，如图 3-1 所示。该系统主要包括两个实体：用户和云平台。在实际中，用户可能是个人、公司或者机构；云平台可以由任意云服务商提供。在云存储系统中，资源受限的用户将大量的数据外包存储在功能强大的云平台；由于云平台可能会掩盖用户外包存储数据的异常丢失，因此用户为了保障自身权益需要不定期地向云平台发送数据完整性审计请求；针对用户每次的数据完整性审计请求，云平台都会返回相应的数据完整性证据，用于证明云平台存储数据依然保持完整；结合云平台返回的数据完整性证据，用户完成外包存储数据的完整性验证。

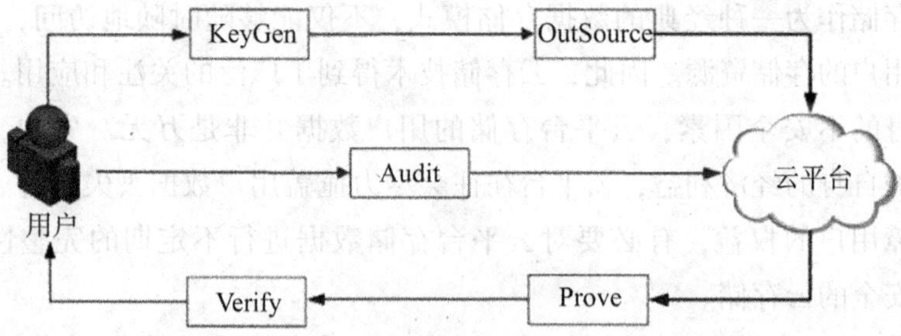

图 3-1　基本的安全外包云存储方案

在本章中，云存储系统面临的安全威胁主要来自云平台内部和外包的不安全因素。用户外包存储数据有可能因为云平台内部和外部的异常行为而发生丢失，比如：软件错误、硬件故障、网络传输异常、黑客攻击以及管理人员操作失误等。由于数据丢失事件会不可避免地影响云服务商的声誉和经济利益，因此云平台很有可能不仅不会对用户坦白数据丢失，反而还可能会对用户隐瞒数据丢失。所以，一个安全的外包云存储方案应该至少具备数据完整性审计功能，确保用户有能力检测出云平台存储数据的异常。

二、设计目标和系统框架

为了安全地外包存储数据，安全外包云存储方案应该满足以下四个设计目标：

(1)正确性。如果云平台存储数据是完整的，那么云平台返回的完整性证据可以通过用户的验证。

(2)隐私性。云平台无法获取用户的原始数据。

(3)安全性。如果云平台发生用户存储数据丢失，云平台无法通过伪造合法的完整性证据来通过用户的完整性验证。

(4)高效性。用户和云平台的存储负载、通信负载和计算负载都应该尽可能的低。

通常，安全外包云存储方案共包括五个模块，记为 SCS = (KeyGen、Outsource、Audit、Prove、Verify)。具体细节如下所示：

(1)KeyGen $(1^{\lambda}) \rightarrow K$：输入安全参数 λ，用户运行此算法生成密钥 $K = (SK, PK)$。其中，SK 和 PK 分别表示私钥和公钥，SK 仅用户自己可见。

(2)Outsource$(D; K) \rightarrow D'$：输入待外包存储数据 D，用户运行此算法生成外包存储数据 D'，然后将 D' 发送到云平台。

(3)Audit$(1^{\lambda}) \rightarrow \sigma$：输入安全参数 λ，用户运行此算法生成审计序列 σ，然后将 σ 发送到云平台。

(4)Prove$(\sigma, D'; PK) \rightarrow \Gamma$：输入审计序列 σ 和外包存储数据 D'，云平台运行此算法生成数据完整性证据 Γ。

(5)Verify$(\sigma, \Gamma; SK) \rightarrow q$：输入审计序列 σ 和数据完整性证据 Γ，用户运行此算法验证外包存储数据是否完整。如果数据完整性证据通过验证，则用户输出 $q = 1$；否则输出 $q = 0$。

三、安全模型

本小节详细地描述了安全外包云存储方案的安全模型。由于安全外包云存储方案所面临的安全挑战主要来自数据完整性审计的安全性以及用户隐私性的保障。为了描述这两类攻击者的攻击行为，引入如下两个实验模型。

1. 数据完整性审计的安全性

一方面，云平台有可能会为了商业信誉和经济利益而掩盖用户数据异常丢失事件。另一方面，TPA 会不定期地审计云存储数据的完整性。因此，在云平台和 TPA 之间存在不可避免的安全游戏，将其表示为 SG。在 SG 中，挑战者表现为用户和 TPA，攻击者表现为云平台。定义 SG 的框架如下所示：

(1)Setup$(\lambda) \rightarrow (SK, PK)$：挑战者调用 SCS. KeyGen 算法来计算云存储用户的密钥 SK 和公钥 PK，并将 PK 传递给攻击者。

(2) TagQuery(ID, D) $\to D'$：攻击者可以向挑战者查询用户数据的标签信息。假设攻击者查询用户数据D的标签D'。挑战者通过调用SCS. Outsource算法来计算D的数据标签D'，并将D'反馈给攻击者。

(3) ProofGen(D, D'; PK) $\to (\sigma, \Gamma)$：在接收到挑战者反馈的数据标签D'后，攻击者首先计算审计序列σ，然后发起恶意攻击来伪造数据完整性证据Γ，最后将审计序列和伪造的完整性证据发送至挑战者。

(4) Output(σ, Γ; SK, PK) $\to \zeta$：在接收到攻击者的审计序列σ和伪造证据Γ后，挑战者调用SCS. Verify算法输出布尔值ζ。如果$\zeta = 1$，那么认为挑战者挑战失败，否则认为挑战者挑战成功。

那么，如果$\Pr[\text{SG. Output} = 1] = \text{negl}(\lambda)$，则认为SCS方案可以有效地应对云平台的恶意攻击，其中$\text{negl}(\cdot)$表示一个小到可以忽略的数。这也意味着，丢失用户数据的云平台几乎无法通过用户的数据完整性验证。另外，云平台有可能提供错误数据给用户下载，因此云存储用户需要能够基于合法的数据完整性证据恢复出自身数据。基于上述讨论，可以得到如下的安全性定义：

定义 3-1 为了保障安全性，安全外包云存储方案 SCS = (KeyGen, Outsource, Audit, Prove, Verify) 应该满足$\Pr[\text{SG. Output} = 1] = \text{negl}(\lambda)$，并且云存储用户能够通过数据完整性证据恢复出自身数据。

2. 用户隐私的保障性

通常，云平台有可能为了其自身利益而去窃取用户的隐私数据。但是，用户并不会希望自己的隐私被暴露。因此，在用户与云平台之间也存在着不可避免的安全游戏，将其表示为 PP。在 PP 中，挑战者表现为用户，而攻击者表现为云平台。定义 PP 的框架如下所示：

(1) Setup(λ) $\to$ (SK, PK)：该算法与 SG. Setup 相同，因此这里省略。

(2) DataGen(ID) $\to D'$：攻击者可以查询任何用户数据的外包数据。假设攻击者查询用户U_{ID}的外包数据D'。挑战者首先随机生成用户U_{ID}的原始数据D，然后调用SCS. Outsource算法来计算原始数据D的外包数据D'，然后将D'反馈至攻击者。

(3) Recover(D'; PK) $\to \hat{D}$：在接收到外包存储数据D'后，攻击者利用

D' 来重建用户数据得到 $\hat{D}$，并将其发送至挑战者。

(4) Output($\hat{D}$, D) $\to \zeta$：在接收到攻击者重建的用户数据 $\hat{D}$ 后，挑战者将 $\hat{D}$ 与原始数据 D 进行比较。如果 $\hat{D} = D$，则挑战者输出 $\zeta = 1$，否则输出 $\zeta = 0$。

那么，如果 $\Pr[\text{PP. Output} = 1] = \text{negl}(\lambda)$，则认为SCS方案可以防止用户隐私泄露至云平台，即：云平台不可能通过用户外包存储数据来获取用户的隐私信息。基于上述讨论，可以得到 SCS 方案的隐私性定义，如下所示：

定义 3-2　为了保障用户的隐私性，安全外包云存储方案 SCS = (KeyGen, Outsource, Audit, Prove, Verify) 应该满足 $\Pr[\text{PP. Output} = 1] = \text{negl}(\lambda)$。

四、数学背景

首先介绍本章的数学符号。令 $\mathbb{Z}_n$ 表示集合 $\{0, 1, \cdots, n-1\}$，$\mathbb{Z}_n^*$ 表示集合 $\{1, 2, \cdots, n-1\}$，$\mathbb{Z}_n^m$ 表示从 $\mathbb{Z}_n$ 中随机选取 m 个数，gcd(·) 表示最大公约数，lcm(·) 表示最小公倍数，Enc(·) 表示同态加密函数，Dec(·) 表示 Enc(·) 对应的解密函数。假设数据 $D = (d_1, d_2, \cdots, d_m)$ 表示外包存储数据，$d_i \in \mathbb{Z}_n^*$ 表示第 i 个数据块，m 是总的数据块数目。

接下来介绍伪随机函数集合 $\text{PRF} = \{F_K(\cdot)\}$，伪随机函数 $F_K(\cdot)$ 表示PRF 的第 K 个元素。在实际中，加密函数或者哈希函数可以被作为 $F_K(\cdot)$ 使用[127]。

第二节　基于同态加密算法的安全外包云存储方案

本节设计了基于同态加密算法(HES) 的安全外包云存储方案 H-SCS = (KeyGen, Outsource, Audit, Prove, Verify)。首先介绍了 H-SCS 的设计原理，其次分别介绍了 H-SCS 方案的每个子算法，最后提出了 H-SCS 方案的系统框架。

一、设计原理

安全外包云存储方案的关键技术是云平台可以生成能够用于验证数据完

整性的证据。为了解决这个问题，首先引入由 HES 推导的定理 3-1，如下所示：

定理 3-1 如果 $\alpha = \bigcap_i ((F_{K_1}(i) \circ d_i) \odot e_i) \mod n_1$ 和 $\beta = \bigcap_i (\text{Enc}(d_i) \odot e_i) \mod n_2$，那么：

$$\alpha = (\bigcap_i (F_{K_1}(i) \odot e_i) \circ \text{Dec}(\beta)) \mod n_1 \tag{3-1}$$

其中，e_i 是随机数。如果 $\circ$ 和 $\bullet$ 分别表示加法运算符，那么 $\cap$ 和 $\cup$ 分别表示累加运算符；如果 $\circ$ 和 $\bullet$ 分别表示乘法运算符，那么 $\cap$ 和 $\cup$ 分别表示累乘运算符。如果 $\circ$ 和 $\bullet$ 分别表示加法运算符，那么$\odot$和 $\odot$ 分别表示乘法运算符；如果 $\circ$ 和 $\bullet$ 分别表示乘法运算符，那么$\odot$和 $\odot$ 分别表示指数运算符。n_1 和 n_2 分别由 $\text{Enc}(\cdot)$ 和 $\text{Dec}(\cdot)$ 的最大输出值所决定。

证明 根据同态加密函数的性质 $d_1 \circ d_2 = \text{Dec}(\text{Enc}(d_1) \bullet \text{Enc}(d_2) \mod n_2) \mod n_1$，可以得到

$$\begin{aligned}
\bigcap_{i=1}^{m} d_i \odot e_i &= \underbrace{d_1 \circ d_1 \circ \cdots \circ d_1}_{e_1} \circ \underbrace{d_2 \circ d_2 \circ \cdots \circ d_2}_{e_2} \circ \cdots \\
&\quad \circ \underbrace{d_m \circ d_m \circ \cdots \circ d_m}_{e_m} \\
&= \text{Dec}(\underbrace{(\text{Enc}(d_1) \bullet \text{Enc}(d_1) \bullet \cdots \bullet \text{Enc}(d_1))}_{e_1} \bullet \cdots \bullet \\
&\quad \underbrace{\text{Enc}(d_2) \bullet \text{Enc}(d_2) \bullet \cdots \bullet \text{Enc}(d_2)}_{e_2} \bullet \cdots \bullet \\
&\quad \underbrace{\text{Enc}(d_m) \bullet \text{Enc}(d_m) \bullet \cdots \text{Enc}(d_m)}_{e_m} \mod n_2) \mod n_1 \\
&= \text{Dec}(\text{Enc}(d_1) \odot e_1 \bullet \text{Enc}(d_2) \odot e_2 \bullet \cdots \bullet \\
&\quad \text{Enc}(d_m) \odot e_m \mod n_2) \mod n_1 \\
&= \text{Dec}(\bigcup_{i=1}^{m} (\text{Enc}(d_i) \odot e_i) \mod n_2) \mod n_1 \\
&= \text{Dec}(\beta) \mod n_1
\end{aligned}$$

另外，

$$\begin{aligned}
\alpha &= \bigcap_{i=1}^{m} ((F_{K_1}(i) \circ d_i) \odot e_i) \mod n_1 \\
&= \bigcap_{i=1}^{m} (F_{K_1}(i) \odot e_i) \mod n_1 \circ \bigcap_{i=1}^{m} (d_i \odot e_i) \mod n_1 \\
&= (\bigcap_{i=1}^{m} (F_{K_1}(i) \odot e_i) \circ \text{Dec}(\beta)) \mod n_1
\end{aligned}$$

为了方便描述，将 $\bigcap_{i=1}^{m}(\cdot)$ 和 $\bigcup_{i=1}^{m}(\cdot)$ 分别简化为 $\bigcap_{i}(\cdot)$ 和 $\bigcup^{i}(\cdot)$。定理3-1的证明完毕。

接下来介绍如何利用定理3-1设计安全的外包云存储方案。令 e_i 表示审计序列的第 i 个元素，HES = (KeyGen, Enc, Dec) 表示任意的同态加密方案；云平台根据定理3-1计算数据完整性证据为 $\Gamma=(\alpha, \beta)$，然后发送至用户。接收到数据完整性证据 Γ 后，用户使用式(3-1)来验证外包存储数据是否完整。但是对于任意 i，如果 $\text{Enc}(d_i)=0$ 并且 • 是乘法运算符，则 β 将被计算为0。在这种情况下，对于任意 $j \neq i$，即使 $\text{Enc}(d_j)$ 发生变更，完整性证据 $\Gamma=(\alpha, \beta=0)$ 依然能够通过式(3-1)的验证。为了解决这个问题，应该确保对于任意 i，$\text{Enc}(d_i) \neq 0$。由于 $\text{Enc}(\cdot)$ 的输入和输出之间存在一对一对应的关系[128]，因此最多只有一个输入使得 $\text{Enc}(\cdot)$。那么，D 可以被分割成 $(d_1, d_2, \cdots, d_m)$，对于所有的 i 都满足 $\text{Enc}(d_i \neq 0)$。综上所述，基于HES设计安全外包云存储方案是完全可行的。

二、方案设计

本小节详细地设计了 H-SCS 方案的五个子算法(KeyGen, Outsource, Audit, Prove, Verify)。

(1) KeyGen。输入安全参数 λ，用户运行 HES 的 KeyGen 子算法，记为 HES. KeyGen，生成 HES 的加密私钥 $SK_{HES\text{-}Enc}$、解密私钥 $SK_{HES\text{-}Dec}$ 和公钥 PK_{HES}；用户分别令 $\text{Enc}(\cdot)$ 和 $\text{Dec}(\cdot)$ 的最大输出值等于 n_1 和 n_2；用户随机生成大整数 n 和 K_1，其中 n 用于对外包存储数据进行分块，K_1 用于从任意 PRF 中选定伪随机函数 $F_{K_1}(\cdot)$。根据定理3-1，将上述生成参数划分为私钥 $SK=(SK_{HES\text{-}Enc}, SK_{HES\text{-}Dec}, n, K_1)$ 和公钥 $PK=(PK_{HES}, n_1, n_2)$。

(2) Outsource。用户将外包存储数据 D 分割成数据块 $(d_1, d_2, \cdots, d_m)$，其中 $d_i \in \mathbb{Z}_n^*$ 且 $\text{Enc}(d_i) \neq 0$。用户通过 $a_i = F_{K_1}(i) \circ d_i \mod n_1$ 和 $b_i = \text{Enc}(d_i)$ 计算外包数据信息，然后发送至云平台进行存储，其中 $1 \leqslant i \leqslant m$。相对于 d_i，云平台虽然存储 (a_i, b_i) 需要消耗更多的空间，但是可以由 (a_i, b_i) 生成有效的数据完整性证据。因此，为了实现安全的云存储，额外的存储开销对于资源丰富的云平台来说是可以接受的。

(3) Audit。云存储的审计通常包括两种机制：完全审计和随机审计。对于完全审计，用户仅仅通过一次审计来验证所有云存储数据的完整性，通信负载较低。然而，云平台必须遍历所有数据才能生成完整性证据，导致云平台计算负载较高；对于随机审计，用户一次只审计部分数据的完整性，因此云平台计算负载较低。然而，为了提高审计结果的准确率，用户需要多次向云平台发送审计序列。由此可见，完全和随机审计机制分别适用于不同的应用场景。H-SCS 方案同时支持这两种审计机制。在完全审计中，用户发送审计序列 $\sigma=(e_1, e_2, \cdots, e_m)$，云平台根据 σ 计算数据完整性证明 $\Gamma=(\alpha, \beta)$。因为审计序列 $(e_1, e_2, \cdots, e_m)$ 可以通过伪随机函数 $F_{K_2}(\cdot)$ 直接生成，因此用户只需要向云平台发 K_2，即 $\sigma=K_2$。云平台通过计算 $e_i=F_{K_2}(i)$ 得到审计序列 $(e_1, e_2, \cdots, e_m)$。在随机审计中，用户发送审计序列 $\sigma=[(i_1, i_2, \cdots, i_L), K_2]$。其中，$i_1, i_2, \cdots, i_L$ 从 $\{1, 2, \cdots, m\}$ 中随机选取，L 远小于总数据块数目 m；云平台通过 $e_{i_j}=F_{K_2}(i_j)$ 计算审计序列 $(e_{i_1}, e_{i_2}, \cdots, e_{i_L})$。

(4) Prove。在获取审计序列后，云平台根据定理 3-1 计算 α 和 β，并将 $\Gamma=(\alpha, \beta)$ 作为数据完整性证据发送回用户。

(5) Verify。在收到数据完整性证据 $\Gamma=(\alpha, \beta)$ 后，用户判断等式 $\alpha=(\bigcap_i (F_{K_1}(i)\odot e_i)\circ \mathrm{Dec}(\beta)) \mod n_1$ 是否成立。如果等式成立，用户认为外包存储数据依然完整；否则，用户认为外包存储数据已经损坏。

三、系统框架

本小节研究了基于 HES 设计安全外包云存储方案的系统框架，如下所示：

(1) $\mathrm{KeyGen}(1^\lambda)\rightarrow(\mathrm{SK}, \mathrm{PK})$：输入安全参数 λ，用户运行 HES. KeyGen 算法生成 $\mathrm{SK}_{\mathrm{HES\text{-}Enc}}$、$\mathrm{SK}_{\mathrm{HES\text{-}Dec}}$ 和 $\mathrm{PK}_{\mathrm{HES}}$。用户分别令 $\mathrm{Enc}(\cdot)$ 和 $\mathrm{Dec}(\cdot)$ 的最大输出值分别等于 n_1 和 n_2。用户随机的选取两个大整数 n 和 K_1。基于以上生成参数，用户得到密钥 $\mathrm{K}=(\mathrm{SK}, \mathrm{PK})$，其中 $\mathrm{SK}=(\mathrm{SK}_{\mathrm{HES\text{-}Enc}}, \mathrm{SK}_{\mathrm{HES\text{-}Dec}}, n, K_1)$ 和 $\mathrm{PK}=(\mathrm{PK}_{\mathrm{HES}}, n_1, n_2)$。

(2) $\mathrm{Outsource}(D; K)\rightarrow D'$：用户将待外包存储数据 D 分割成 $(d_1, d_2, \cdots, d_m)$，其中 $d_i\in\mathbb{Z}_n^*$ 且 $\mathrm{Enc}(d_i)\neq 0$。用户计算 $a_i=F_{K_1}(i)\circ d_i \mod n_1$ 和 $b_i=\mathrm{Enc}(d_i)$，发送 (a_i, b_i) 至云平台进行存储，其中 $1\leqslant i\leqslant m$。

(3) $\mathrm{Audit}(1^\lambda)\rightarrow\sigma$：用户根据实际应用场景，选择发起完全或者随机

审计。

① 完全审计。用户随机生成大整数 K_2，用于从任意 PRF 中选定伪随机函数 $F_{K_2}(\cdot)$。用户发送审计序列 $\sigma = K_2$ 至云平台。

② 随机审计。用户从 $\{1, 2, \cdots, m\}$ 中随机选取 $(i_1, i_2, \cdots, i_L)$ 以及随机生成大整数 K_2。$(i_1, i_2, \cdots, i_L)$ 作为被审计数据块的索引，K_2 用于从任意 PRF 中选定伪随机函数 $F_{K_2}(\cdot)$。用户发送审计序列 $\sigma = [((i_1, i_2, \cdots, i_L), K_2)]$ 至云平台。

(4) $\mathrm{Prove}(D', \sigma; \mathrm{PK}) \rightarrow \Gamma$：由于存在两种不同的用户审计方法，因此数据完整性证据生成算法也存在两种情况。

① 完全审计。利用 $\sigma = K_2$，云平台通过计算 $e_i = F_{K_2}(i)$ 生成审计序列 $(e_1, e_2, \cdots, e_m)$，其中 $1 \leqslant i \leqslant m$。云平台计算 $\alpha = \bigcap_{i=1}^{m} ((F_{K_1}(i) \circ d_i) \odot e_i) \mod n_1$ 和 $\beta = \bigcup_{i=1}^{m} (\mathrm{Enc}(d_i) \odot e_i) \mod n_2$，并将数据完整性证据 $\Gamma = (\alpha, \beta)$ 发送至用户。

② 随机审计。利用 $\sigma = K_2$，云平台通过计算 $e_{i_j} = F_{K_2}(i_j)$ 生成审计序列 $(e_{i_1}, e_{i_2}, \cdots, e_{i_L})$，其中 $1 \leqslant j \leqslant L$。云平台计算 $\alpha = \bigcap_{j=1}^{L} ((F_{K_1}(i_j) \circ d_{i_j}) \odot e_{i_j}) \mod n_1$ 和 $\beta = \bigcup_{j=1}^{L} (\mathrm{Enc}(d_{i_j}) \odot e_{i_j}) \mod n_2$，并将数据完整性证据 $\Gamma = (\alpha, \beta)$ 发送至用户。

(5) $\mathrm{Verify}(\sigma, \Gamma; K) \rightarrow q$：用户验证等式 $\alpha = (\bigcap_i (F_{K_1}(i) \odot e_i) \circ \mathrm{Dec}(\beta)) \mod n_1$ 是否成立。如果等式成立，用户输出 $q=1$，表明外包存储数据依然完整；否则输出 $q = 0$，表明外包存储数据存在丢失。

第三节　安全分析

本节主要从正确性、隐私性和安全性三个方面详细地分析 H-SCS 方案。

一、正确性

H-SCS 方案可以确保用户能够正确地验证云平台存储数据的完整性。云存储用户基于云平台返回的数据完整性证据 $\Gamma = (\alpha, \beta) =$

$(\bigcap_i ((F_{K_1}(i) \circ d_i) \odot e_i) \mod n_1, \bigcup_i (\mathrm{Enc}(d_i) \odot e_i) \mod n_2$，通过判断等式 $\alpha = (\bigcap_i (F_{K_1}(i) \odot e_i) \circ \mathrm{Dec}(\beta)) \mod n_1$ 是否成立来验证云存储数据的完整性。根据定理 3-1，存储数据完整的云平台总是可以通过用户的完整性验证。

二、安全性

根据安全性定义 3-1，安全外包云存储方案的安全性由两部分组成。因此，本小节将通过两个步骤来证明 H-SCS 方案的安全性：第一步用于证明 $\Pr[\mathrm{SG.Output}=1]=\mathrm{negl}(\lambda)$，第二步用于证明用户可以从云平台的数据完整性证据中恢复出原始数据。

定理 3-2　如果同态加密函数是安全的，那么 H-SCS = (KeyGen, Outsource, Audit, Prove, Verify) 也是安全的。

证明　步骤1。证明 $\Pr[\mathrm{SG.Output}=1]=\mathrm{negl}(\lambda)$。假设外包存储数据中至少有一个数据块 d^* 丢失，审计对象包含 d^* 的审计序列记为 σ^*，基于 σ^* 生成的数据完整性证据记为 $\Gamma^*=(\alpha^*, \beta^*)$。

首先对 H-SCS 方案略作调整：使用真正的随机函数代替方案中采用的伪随机函数。那么，外包数据信息由 $a_i=(F_{K_i}(i) \circ d_i) \mod n_1$ 转变为 $a_i=(r_i \circ d_i) \mod n_1$，其中 $r_i \in \mathbb{Z}_n^*$。令 Pr[Unbound] 表示在调整后 H-SCS 方案中云平台成功欺骗用户的概率。考虑 m 个特殊的审计序列 $\sigma_i=\{e_i\}$，其中 $e_i=1$，$1 \leqslant i \leqslant m$。云平台相应的 m 个数据完整性证据记为 $\Gamma_i=(\alpha_i, \beta_i)$，其中 $\alpha_i = r_i d_i \mod n_1$ 和 $\beta_i=\mathrm{Enc}(d_i)$，$i=1, 2, \cdots, m$。根据定理 3-1，云平台可以获得如下方程组：

$$\begin{cases} \alpha_1 = r_1 \circ \mathrm{Dec}(\beta_1) \mod n_1 \\ \alpha_2 = r_2 \circ \mathrm{Dec}(\beta_2) \mod n_1 \\ \cdots \\ \alpha_m = r_m \circ \mathrm{Dec}(\beta_m) \mod n_1 \end{cases} \tag{3-2}$$

其他审计序列对应的数据完整性证据，云平台可以通过式(3-2) 的线性组合得到。式(3-2) 至少存在 $m+1$ 个未知变量，即 $\mathrm{SK}_{\text{HES-Dec}}$ 和 $r_1, r_2, \cdots, r_m$。然而，云平台只有 m 个方程，因此云平台无法从式(3-2) 中求取 λ 比特的 $\mathrm{SK}_{\text{HES-Dec}}$。又因为 $\mathrm{SK}_{\text{HES-Dec}}$ 存在 2^λ 种可能性，因此云平台伪造(α^*, β^*) 满足

$\alpha^* = (\bigcap_i (F_{K_1}(i) \odot e_i) \circ \mathrm{Dec}(\beta^*)) \mod n_1$ 的概率仅为 $1/2^\lambda$。也就是说，云平台只能以 $1/2^\lambda$ 的概率成功欺骗用户，即 Pr[Unbound] = negl(λ)。

接下来回到基于伪随机函数的 H-SCS 方案。令 Pr[AdvPRF] 表示云平台从随机函数中区分出伪随机函数的概率，即

$$\Pr[\mathrm{AdvPRF}] = \Pr[\mathrm{Cheat}] - \Pr[\mathrm{Unbound}] \tag{3-3}$$

当伪随机函数输出值为 λ 比特时，可以得到 Pr[AdvPRF] = negl(λ)。将 Pr[AdvPRF] = negl(λ) 和 Pr[Unbound] = negl(λ) 代入式(3-3)，可以得到 Pr[SG. Output = 1] = negl(λ)。

步骤2。证明 H-SCS 方案能够确保用户能够下载到正确的数据，详细过程请参见算法 3-1。

算法 3-1　H-SCS 方案的数据恢复算法

输入：云平台存储的外包数据(a_i，b_i)。

输出：用户恢复原始数据 d_i。

1：flag = 1
2：**while** flag do
3：用户发送审计序列 $\sigma = \{e_i\}$ 到云平台。
4：云平台返回数据完整性证据 $\Gamma = (\alpha, \beta)$。
5：**if** Γ 通过用户的数据完整性验证
6：用户求解 $\beta = \mathrm{Enc}(d_i) \odot e_i \mod n_2$ 得到 $\mathrm{Enc}(d_i)$。
7：flag = 0。
8：**end if**
9：**end while**
10：用户计算 $d_i = \mathrm{Dec}(\mathrm{Enc}(d_i))$。
11：**Return**

结合步骤1和步骤2，H-SCS方案的安全性证明完毕。由于定理3-2的证明没有引入任何随机预言假设，因此 H-SCS 方案在标准模型下是安全的。

三、隐私性

根据安全性定义 3-2 可知，H-SCS 方案可以有效地保护用户的隐私性。用户外包至云平台的数据为$(a_i,\ b_i)$，其中 $1 \leqslant i \leqslant m$。一方面，云平台没有私钥 K_1，无法从 $a_i = F_{K_1}(i) \circ d_i \bmod n_1$ 恢复出用户数据 d_i；另一方面，根据同态加密算法的安全性，云平台没有用户私钥也无法从 $b_i = \mathrm{Enc}(d_i)$ 恢复出用户的原始数据 d_i。因此，可以得出 $\Pr[\mathrm{PP.Output}=1]=\mathrm{negl}(\lambda)$，即：云平台几乎不可能获取用户的原始数据信息，用户的隐私性可以得到有效的保障。

第四节　性能评估

本节首先全面分析了 H-SCS 方案的性能，然后将 H-SCS 方案与现有的安全外包云存储方案进行了全面的对比。

一、H-SCS 方案的性能分析

安全外包云存储方案主要涉及用户和云平台。本小节将从存储负载、通信负载和计算负载三个方面来分析 H-SCS 方案的用户和云平台性能。令 l 表示审计序列的长度，$|D|$ 表示外包数据的大小，$\lambda^{\mathcal{H}}$ 表示哈希散列函数的计算负载。为了方便起见，本小节只关注计算复杂度的最高阶项。另外，由于 H-SCS 方案是一个通用的安全外包云存储方案，因此本小节使用符号 CO 来表示具体密码学操作(比如：RSA、Pallier 等) 的计算负载。

1. 用户负载

H-SCS 方案用户端主要包括如下四个子算法：H-SCS. KeyGen，H-SCS. Outsource，H-SCS. Audit 和 H-SCS. Verfiy。(1)由于用户只需要存储密钥，所以存储负载为 $O(1)$；(2)由于用户需要向云平台发送审计序列，所以通信负载为 $O(l)$；(3)由于 H-SCS. KeyGen 和 H-SCS. Audit 子算法只涉及大整数的基本运算，因此用户的计算负载主要由 H-SCS. Outsource 和 H-SCS. Verify 子算法决定。在 H-SCS. Outsource 子算法中，用户需要为每个数据块计算外包信息，这将导致 $O(m\times \mathrm{CO})$ 的计算负载。在 H-SCS. Verify 子算法中，计算时间复杂度主要由式(3-1)决定，这将导致 $O(l\times CO)$ 的计算负载。因此，用户端总的计算负载为 $O((m+l)\times CO)$。

2. 云平台负载

H-SCS 方案云平台只涉及 H-SCS. Prove 子算法。(1)由于外包存储数据的大小比原始数据大 2 倍，因此云平台的存储负载为 $O(2|D|)$；(2)云平台将数据完整性证据 $\Gamma=(\alpha, \beta)$ 发送至用户端，因此通信负载为 $O(1)$；(3)为了生成数据完整性证据 $\Gamma(\alpha, \beta)$，云平台需要计算 $\alpha=\bigcap_{i=1}^{l}((F_{K_1}(i)\circ d_i)\odot e_i) \mod n_1$ 和 $\beta=\bigcup_{i=1}^{l}(\mathrm{Enc}(d_i)\odot e_i) \mod n_2$，因此计算负载是 $O(l\times CO)$。

二、与现有工作的性能对比

本小节分别从存储、通信和计算负载三个方面对比 H-SCS 方案和现有安全外包云存储方案的性能，如表 3-1 所示。

Ateniese 等人[24]、Shacham 等人[28]和 Chen 等人[35]方案不支持数据动态更新。下节将对 H-SCS 方案进行功能扩展，实现数据的动态更新功能。另外，如果选择计算简单的同态加密算法实例化 H-SCS 方案，那么所得到的安全外包云存储方案将具有较低的计算负载。综上所述，H-SCS 方案不仅支持数据动态更新功能，而且基于低复杂度同态加密算法所设计的 H-SCS 方案具有较低的计算负载。另外，Ateniese 等人[24]和 Shacham 等人[28]的方案都基于随机预言模型(ROM)证明安全性，而 H-SCS 方案在标准模型下被证明是安全的。

表 3-1　　不同安全外包云存储方案的性能对比

方案名称	存储负载		通信负载	
	用户	云平台	用户	云平台
Ateniese 等人[24]	$O(1)$	$O(\|D\|)$	$O(l)$	$O(1)$
Shacham 等人[28]	$O(1)$	$O(\|D\|)$	$O(l)$	$O(1)$
Chen 等人[35]	$O(1)$	$O(\|D\|)$	$O(l)$	$O(1)$
H-SCS	$O(1)$	$O(\|D\|)$	$O(l)$	$O(1)$

续表

方案名称	存储负载		通信负载	
	用户	云平台	用户	云平台
Ateniese 等人[24]	$(m+l)(\lambda^2+\lambda^{\mathcal{H}})$	$1\lambda^3+\lambda^{\mathcal{H}}$	NO	ROM
Shacham 等人[28]	$(m+l)(\lambda^2+\lambda^{\mathcal{H}})$	$1\lambda^3$	NO	ROM
Chen 等人[35]	$(m+l)(\lambda^2+\lambda^{\mathcal{H}})$	$1\lambda^3$	NO	标准模型
H-SCS	$(m+l)\times$CO	$l\times$CO	YES	标准模型

第五节　支持数据动态更新功能

一、具体设计

在实际中，用户可能会经常更新本地的数据，因此安全外包云存储方案有必要支持数据的动态更新功能。本节将介绍如何扩展 H-SCS 方案支持数据动态更新，包括数据块的插入、删除和修改。令 insert_data_array 表示所有插入数据块索引的集合，del_index_array 表示所有删除数据块索引的集合，last_block_index 表示最后一个数据块的索引。所有这些索引变量都存储在用户本地。

在 H-SCS 方案中，数据外包信息 b_i 与数据索引之间有着直接对应关系，将计算 b_i 的索引记为标签索引。在初始状态时，标签索引和数据块索引是一致的。然而，数据动态更新将会破坏标签索引和数据块索引之间的一致性(比如：删除数据块后，该数据块之后的所有数据块索引都将减一，而内嵌在 b_i 中的标签索引则无法相应地减一)。因此，支持数据动态更新功能的关键点在于如何处理标签索引与数据块索引之间的对应关系。

首先初始化 insert_data_array = del_index_array = Ø 和 last_block_index = m，然后利用算法 3-2 实现数据动态更新功能。当数据块 d_i 被更新为 d_j 时，其外包数据信息 (a_i, b_i) 将变化为 $(a_j, b_j) = (F_{K_1}(i_j) \circ d_j \mod n_1, \mathrm{Enc}(d_j))$。由于从 insert_data_array 和 del_index_array 中，用户可以获取 i_i 和 j 之间的关系，因此用户能够利用等式 $\alpha = (\bigcap_i (F_{K_1}(i) \odot e_i) \circ \mathrm{Dec}(\beta)) \mod n_1$ 是否成

立来验证云存储数据的完整性。这就意味着：云存储用户利用算法 3-2 进行数据的动态更新后，H-SCS 方案仍然可以确保数据完整性审计的有效性。

算法 3-2　H-SCS 方案的数据动态更新算法

输入：用户更新数据块 d_i。

输出：用户和云平台相应的操作。

1：**if** 删除数据块 d_i

2：　用户将索引 i 添加为 del_index_array 最后的一个元素，然后将索引 i 发送至云平台。

3：　收到数据块索引 i 后，云平台删除第 i 个数据外包信息(a_i, b_i)。

4：**else if** 插入数据块 d_i

5：　用户计算 d_i 的外包数据信息(a_i, b_i)，并发送(a_i, b_i)和索引 i 到云平台，其中 $a_i = F_{K_1}(\text{last\_block\_index}+1) \circ d_i \mod n_1$ 和 $b_i = \text{Enc}(d_i)$。

6：　用户将数据块索引 i 添加为 insert_data_array 最后的一个元素，并计算 last_block_index = last_block_index+1。

7：　收到 a_i、b_i 和 i 后，云平台将(a_i, b_i)添加为第 i 个元素。

8：**else if** 修改数据块 d_i

9：　用户修改数据块可以视为先删除该数据块，然后插入新的数据块。因此可以通过执行步骤 1-7 实现。

10：**end if**

但是，当频繁地更新数据时，索引集合中的元素可能会变得非常的多，需要消耗用户大量的存储资源。这对于资源有限的用户来说也是难以接受的。为了解决这个问题，本节设计了一个新的算法使得用户可以清空本地的索引集合，如算法 3-3 所示。该算法通过周期性或者事件触发的方式被用户调用，可以有效地限制索引集合的大小。在算法 3-3 中，用户利用另一个伪随机函数来重置外包存储数据的信息，使得云平台存储数据的索引再次变为从 1 到 m' 的连续整数，其中 m' 表示数据更新后总的数据块数目。具体实现过程如下：用户首先选定 K_3 用于确定伪随机函数 $F_{K_3}(\cdot)$，然后向云平台发送外包数据重置消息 $\mathrm{lnv}(F_K(i_j)) \mod n_1$。当 $\circ$ 表示加法运算符时，$\mathrm{lnv}(F_{K_1}(i_j)) \mod n_1 = -(F_{K_1}(i_j)) \mod n_1$；当 $\circ$ 表示乘法运算符时，$\mathrm{lnv}(F_{K_1}(i_j)) \mod n_1 = (F_{K_1}(i_j)^{-1}) \mod n_1$。收到外包数据重置消息后，云平台通过计算 $a_j \circ F_{K_3}(j) \circ \mathrm{Inv}(F_{K_1}(i_j)) \mod n_1$ 将外包数据的标签索引重置为从 1 到 m' 的连续整数。此时，即使不借助 insert_data_array 和 del_index_array，用户也依然能够通过等式 $\alpha = (\bigcap_i (F_{K_3}(i) \odot e_i) \circ \mathrm{Dec}(\beta)) \mod n_1$ 是否成立来验证外包数据的完整性。因此，在外包数据的标签索引被重置之后，用户可以清空本地的索引集合，即将 last_block_index、insert_data_array 和 del_index_array 重置为初始值。考虑到 $F_{K_3}(\cdot)$ 的伪随机性，重置标签索引后的云存储数据仍然满足定理 3-2 的安全性要求。

算法 3-3　数据块索引重置算法

输入：私钥 K_3，(d_j, s_{i_j})，$\forall j = 1, \cdots, m'$。

输出：(d_j, s_i)，$\forall j = 1, \cdots, m'$。

1：用户根据 K_3 选定伪随机函数 $F_{K_3}(\cdot)$

2：**for** $j = 1$ **to** m'

3：　用户发送数据块索引重置消息 $F_{K_3}(j) \circ \mathrm{lnv}(F_{K_1}(i_j)) \mod n_1$ 至云平台。

4：　收到索引重置消息后，云平台计算

$$a'_j = a_j \circ F_{K_3}(j) \circ \mathrm{lnv}(F_{K_1}(i_j)) \mod n_1 = (F_{K_3}(j) \circ d_j) \mod n_1$$

5：**end for**

6：更新完所有外包数据的标签索引后，用户重置 last_block_index、insert_data_arra 和 del_index_array 到初始状态。

二、与现有方案的对比

利用算法 3-2 和算法 3-3，H-SCS 方案可以有效地支持数据的动态功能。

近年来，针对如何扩展安全外包云存储方案支持数据动态更新功能，也有了不少解决方案[50][51]。Yang 等人的方案[50]需要利用索引表来维护数据块索引和数据标签索引的映射关系，该索引表的大小随着外包数据块数目的增加而增加。如果用户经常更新数据，将会占用大量本地的存储资源。Wang 等人的方案[51]虽然能够有效地支持数据动态更新，但是无法应对恶意云平台的安全挑战。与 Yang 等人、Wang 等人的方案[50][51]相比，本章所提出的数据动态更新技术不仅可以应对恶意云平台的安全挑战，而且能够使得用户仅利用固定大小的存储空间来扩展安全外包云存储方案支持数据动态更新功能。

第六节　H-SCS 方案的实例化

为了对 H-SCS 方案进行实际应用，本节分别基于 RSA、Paillier 和 DGHV 的 HES 来实例化 H-SCS，分别记为 RSA-SCS、Pallier-SCS 和 DGHV-SCS 方案。这三个 HES 分别代表乘法、加法和全 HES。基于 H-SCS 方案的安全性和功能扩展分析，这些实例化安全外包云存储方案同样满足定理 3-2 的安全性要求，并且能够支持数据动态更新功能。

一、RSA-SCS 方案

RSA 算法作为经典的乘法 HES，如下所示。

(1) $\mathrm{KeyGen}(1^\lambda)\rightarrow(\mathrm{SK},\ \mathrm{PK})$：输入安全参数 λ，用户分别生成两个质数 p 和 q，并计算 $t = pq$，其中 pq 至少拥有 λ 比特位。随机选取 g，满足 $\gcd(\phi(t),\ g) = 1$，其中 $1 < g < \phi(t)$。用户计算 $t = g^{-1}(\bmod \phi(t))$，其中 $\phi(t) = (p-1)\times(q-1)$。由此得到，用户的私钥是 $\mathrm{SK} = (g,\ h)$，公钥是$\mathrm{PK} = t$。

(2) $\mathrm{Enc}(d;\ \mathrm{SK})\rightarrow(\mathrm{Enc})d$：输入数据块 d 和私钥 g，通过计算 $\mathrm{Enc}(d) = d^g \bmod t$ 生成加密数据块 $\mathrm{Enc}(d)$。

(3) $\mathrm{Dec}(\mathrm{Enc}(d);\ \mathrm{SK})\rightarrow d$：输入加密数据块 $\mathrm{Enc}(d)$ 和私钥 h，通过计算 $d = \mathrm{Enc}(d)^h \bmod t$ 恢复原始数据 d。

RSA 算法满足乘法同态性质：$d_1\times d_2 = \mathrm{Dec}(\mathrm{Enc}(d_1)\times\mathrm{Enc}(d_2))$。基于 H-SCS 方案，本小节利用 RSA 算法设计安全外包云存储方案 RSA-SCS =

(KeyGen, Outsource, Audit, Prove, Verify)。根据乘法同态性质，将定理 3-1 中的形式化运算符实例化为：(1) ∘ 和 • 是乘法运算符；(2) ∩ 和 ∪ 是累加乘法运算符；(3) ⊙和 ⊙ 是指数运算符。令 $n_1 = n_2 = t$，可以推导出如下定理：

定理 3-3 如果 $\alpha = \prod_i (F_{K_1}(i) d_i)^{e_i} \mod t$ 和 $\beta = \prod_i d_i^{ge_i} \mod t$，那么

$$\alpha = \prod_i F_{K_1}(i)^{e_i} \times \beta^h \mod t \tag{3-4}$$

其中 e_i 是随机数。

证明 根据定理 3-1，可以得到：

$$\alpha = \bigcap_i (F_{K_1}(i) \circ d_i) \odot e_i \mod n_1 = \prod_i (F_{K_1}(i) d_i)^{e_i} \mod t$$

$$\beta = \bigcup_i (\mathrm{Enc}(d_i) \odot e_i) \mod n_2 = \prod_i d_i^{ge_i} \mod t$$

因为 $\mathrm{Dec}(\beta) = \prod_i d_i^{e_i} \mod t$，所以：

$$\alpha = \prod_i F_{K_1}(i)^{e_i} \times \beta^h \mod t$$

在 RSA-SCS 方案中，用户利用式(3-4)来验证云存储数据的完整性，具体的方案设计如下所示。

(1) $\mathrm{KeyGen}(1^\lambda) \to (\mathrm{SK}, \mathrm{PK})$：输入安全参数 λ，用户分别生成两个质数 p 和 q，并计算 $t = pq$，其中 pq 至少拥有 λ 比特位。用户随机选取 g，满足 $\gcd(\phi(t), g) = 1$，其中 $1 < g < \phi(t)$。用户计算 $h \equiv g^{-1}(\mod \phi(t))$，其中 $\phi(t) = (p-1) \times (q-1)$。用户随机的选取两个大整数 n 和 K_1。依据上述生成参数，用户的私钥是 $\mathrm{SK} = (g, h, n, K_1)$，公钥是 $\mathrm{PK} = t$。

(2) $\mathrm{Outsource}(D; \mathrm{SK})$：用户将外包数据 D 分割成 $(d_1, d_2, \cdots, d_m)$，其中 $d_i \in \mathbb{Z}_n^*$ 且 $\mathrm{Enc}(d_i) \neq 0$。用户计算 $a_i = (F_{K_1}(i) d_i) \mod t$ 和 $b_i = d_i^g \mod t$，发送 (a_i, b_i) 至云平台进行存储，其中 $1 \leqslant i \leqslant m$。

(3) $\mathrm{Audit}(1^\lambda) \to \sigma$：用户根据实际应用场景，选择发起完全或者随机审计。具体实现过程和 H-SCS. Audit 子算法一致。

(4) $\mathrm{Prove}(D', \sigma; \mathrm{PK}) \to \Gamma$：由于存在两种不同的用户审计机制，因此数据完整性证据生成算法也存在两种情况。

①完全审计。利用 $\sigma = K_2$，云平台通过计算 $e_i = F_{K_2}(i)$ 生成 $(e_1, e_2, \cdots,$

e_m)，$1 \leqslant i \leqslant m$。云平台计算 $\alpha = \prod_{i=1}^{m} a_i^{e_i} \mod t$ 和 $\beta = \prod_{i=1}^{m} b_i^{e_i} \mod t$，发送数据完整性证据 $\Gamma = (\alpha, \beta)$ 至用户。

② 随机审计。利用 $\sigma = K_2$，云平台通过计算 $e_i = F_{K_2}(i)$ 生成(e_{i_1}，e_{i_2}，…，e_{i_m})，$1 \leqslant i \leqslant L$。云平台计算 $\alpha = \prod_{j=1}^{L} a_{i_j}^{e_{i_j}} \mod t$ 和 $\beta = \prod_{i=1}^{L} b_{i_j}^{e_{i_j}} \mod t$，发送数据完整性证据 $\Gamma = (\alpha, \beta)$ 至用户。

②Verify(σ，Γ；SK) $\rightarrow q$：用户验证等式 $\alpha = \prod_i F_{K_1}(i)^{e_i} \times \beta^h \mod t$ 是否成立。如果等式成立，用户输出 $q = 1$，表明外包存储数据依然完整；否则输出 $q = 0$，表明外包存储数据存在丢失。

二、Pallier-SCS 方案

与 RSA-SCS 方案一致，本小节首先介绍基于 Paillier 的 HES，如下所示。

(1) KeyGen(1^λ) $\rightarrow$ (SK，PK)：输入安全参数 λ，用户生成两个质数 p 和 q，并计算 $t = pq$，其中 pq 至少拥有 λ 比特位。用户随机选取 $g \in \mathbb{Z}_{t^2}^*$，并计算 $\eta = lcm(p-1, q-1)$ 和 $\mu = ((g^n \mod t^2 - 1)/t)^{-1} \mod t$。由此可以得到，用户的私钥是 SK = ($\eta$，$g$，$\mu$)，公钥是 PK = t。

(2) Enc(d；SK) $\rightarrow$ Enc(d)：输入数据块 d 和私钥 g，通过计算 $\text{Enc}(d) = g^d r^t \mod t^2$ 生成加密数据块 Enc(d)，其中 r 是随机生成数。

(3) Dec(Enc(d)；SK) $\rightarrow d$：输入加密数据块 Enc(d) 和私钥 η、μ，通过计算 $d = (\text{Enc}(d)^\eta \mod t^2 - 1) \times \mu / t \mod t$ 恢复原始数据 d。

Paillier 算法满足加性同态特性：$d_1 + d_2 = \text{Dec}(\text{Enc}(d_1) \times \text{Enc}(d_2))$。基于 H-SCS 方案，本小节利用 Pallier 算法设计安全外包云存储方案 Pallier-SCS = (KeyGen，Outsource，Audit，Prove，Verify)。根据加法同态性质，将定理 3-1 中的形式化运算符实例化为：(1) $\circ$ 和 $\bullet$ 分别是加法和乘法运算符；(2) $\cap$ 和 $\cup$ 分别是累加和乘法运算符；(3) $\odot$ 和 $\odot$ 分别是乘法和指数运算符。令 $n_1 = t$ 和 $n_2 = t^2$，可以推导出如下定理：

定理 3-4　如果 $\alpha = \sum_i (F_{K_1}(i) + d_i) \times e_i \mod t$ 和 $\beta = \prod_i (g^{d_i}, r^t)^{e_i} \mod t^2$，那么

$$\alpha = \left(\sum_i F_{K_1}(i) \times e_i + \frac{\beta^\eta \text{mod} t^2 - 1}{t} \times \mu \right) \mod t$$

其中 e_i 是随机生成数。

证明 根据定理 3-1，可以得到：

$$\alpha = \bigcap_i (F_{K_1}(i) \circ d_i) \odot e_i \quad \bmod n_1 = \sum_i (F_{K_1}(i) + d_i) \times e_i \quad \bmod t$$

$$\beta = \bigcup_i (\mathrm{Enc}(d_i) \odot e_i) \quad \bmod n_2 = \prod_i (g^d r^n)^{e_i} \quad \bmod t^2$$

因为 $\mathrm{Dec}(\beta) = \sum_i d_i \times e_i \quad \bmod t$，所以

$$\begin{aligned}\alpha &= \sum_i F_{K_1}(i) \times e_i \quad \bmod t + \mathrm{Dec}(\beta) \\ &= \left(\sum_i F_{K_1}(i) \times e_i + \frac{\beta^\eta \bmod t^2 - 1}{t} \times \mu \right) \quad \bmod t\end{aligned}$$

根据定理 3-4，基于 H-SCS 方案可以轻易设计出 Pallier-SCS 方案。该方案的系统框架和 RSA-SCS 方案类似，因此本小节不再阐述。

三、DGHV-SCS 方案

DGVH 方案是经典的全 HES，同时满足加法和乘法同态的性质。DGHV 方案如下所示。

(1) $\mathrm{KeyGen}(1^\lambda) \rightarrow (\mathrm{SK}, \mathrm{PK})$：密钥 SK 是随机奇整数 $p \in [2^\eta - 1, 2^\eta]$，其中 $\eta \geqslant p \times \Theta(\lambda \log^2 \lambda)$ 和 $\rho = \omega(\log \lambda)$。公钥 PK 是随机整数 $x_i \in \mathcal{D}_{\gamma,\rho}(p)$，其中 $0 \leqslant i \leqslant \tau$、$\tau \geqslant \gamma + \omega(\log \lambda)$、$\gamma = \omega(\eta \log \lambda)$ 和 $\mathcal{D}_{\gamma,\rho}(p) = \{$输入随机整数 $q \in [0, 2^\gamma / p)$ 和 $r \in (-2^\rho, 2^\rho)$，输出 $x = pq + r\}$。令 $x_{\max}$ 表示 $x_i (0 \leqslant i \leqslant \tau)$ 中的最大值，$x_{\max}$ 必须是奇数而且 $x_{\max} \quad \bmod p$ 必须是偶数，否则公钥 $x_i (0 \leqslant i \leqslant \tau)$ 需要被重新生成。由此可以得到，用户的私钥是 p，公钥是 $\mathrm{PK} = (x_0, x_1, \cdots, x_\tau)$。

(2) $\mathrm{Enc}(d; \mathrm{SK}) \rightarrow \mathrm{Enc}(d)$：输入数据块 d 和私钥 SK，通过计算 $\mathrm{Enc}(d) = d + 2r + 2\sum_{i \in S} x_i \quad \bmod x_0$ 生成加密数据块 $\mathrm{Enc}(d)$，其中随机数 $r \in (-2^{\rho'}, 2^{\rho'})$，$S \subseteq \{1, 2, \cdots, \tau\}$，$\rho' = \rho + \omega(\log \lambda)$。

(3) $\mathrm{Dec}(\mathrm{Enc}(d); \mathrm{SK}) \rightarrow d$：输入加密数据块 $\mathrm{Enc}(d)$ 和私钥 SK，通过计算 $d = (\mathrm{Enc}(d) \quad \bmod p) \quad \bmod 2$ 恢复原始数据 d。

DGHV 方案按比特解密密文，在解密过程中会不断引入噪声，最终将导致解密错误。为了解决这一问题，DGHV 方案引入了密文刷新技术。基于

DGHV 的 HES 同时满足加性和乘性同态性质，即 $d_1 + d_2 = \mathrm{Dec}(\mathrm{Enc}(d_1) + \mathrm{Enc}(d_2))$ 和 $d_1 \times d_2 = \mathrm{Dec}(\mathrm{Enc}(d_1) \times \mathrm{Enc}(d_2))$，因此可以利用DGHV设计出两个安全外包云存储方案。

基于 DGHV 加性和乘法同态性质的安全外包云存储方案设计方法类似，因此本小节只利用DGHV的加性同态性质进行举例说明，将定理3-1中的形式化运算符实例化为：(1) $\circ$ 和 $\bullet$ 是加法运算符；(2) $\cap$ 和 $\cup$ 是累加运算符；(3) $\odot$和 $\odot$ 是乘法运算符。令 $n_1 = n_2 = x_0$，可以推导出如下定理：

定理 3-5　如果 $\alpha = \sum_i (F_{K_1}(i) + d_i) \times e_i \mod x_0$ 和 $\beta = \sum_i (d_i + 2r_i + 2\sum_{j\in S} q_j) \times e_i \mod x_0$，那么

$$\alpha = \left(\sum_i F_{K_1}(i) \times e_i + \mathrm{Dec}(\beta)\right) \mod x_0$$

其中 e_i 是随机生成数。

证明　根据定理 3-1，可以得到：

$$\alpha = \bigcap_i (F_{K_1}(i) \circ d_i) \odot e_i \bmod n = \sum_i (F_{K_1}(i) + d_i) \times e_i \mod x_0$$

$$\beta = \bigcup_i (\mathrm{Enc}(d_i) \odot e_i) \mod n = \sum_i \left(\left(d_i + 2r_i + 2\sum_{j\in S} q_j\right) \times e_i\right) \mod x_0 \tag{3-5}$$

使用 DGHV 的密文刷新技术，式(3-5)可以被转化为：

$$\beta = \sum_i \left(d_i \times e_i + 2r + 2\sum_{j\in S} x_j\right) \mod x_0$$

因为 $\mathrm{Dec}(\beta) = \sum_i d_i \times e_i \mod x_0$，所以

$$\alpha = \left(\sum_i F_{K_1}(i) \times e_i + \mathrm{Dec}(\beta)\right) \bmod x_0$$

根据定理3-5，可以基于H-SCS方案轻易设计出DGHV-SCS方案。由于该方案的系统框架和RSA-SCS方案类似，因此本小节不再阐述。

四、RSA-SCS、Pallier-SCS 和 DGHV-SCS 的性能分析

由表 3-1 可知，H-SCS 方案的计算复杂度由选定的 HES 决定。RSA 和 Paillier 的计算复杂度分别大约为 $O(6\lambda^3)$ 和 $O(28\lambda^3)$。由于 DGHV 是按比特进行加密和解密，因此计算复杂度很高，大约为 $O(\lambda^{20})$。综上所述，RSA-SCS 方案比 Pallier-SCS 方案和 DGHV-SCS 方案更加高效。表3-2总结了这

三种安全外包云存储方案的计算负载[129][130]。

表 3-2　　RSA-SCS、Paillier-SCS 和 DGHV-SCS 方案的计算负载

算法名称	用户	云平台
RSA-SCS	$O((3m+3l)\lambda^3+(m+l)\lambda^{\mathcal{H}})$	$O(6l\lambda^3)$
Pallier-SCS	$O((16m+12)\lambda^3+3l\lambda^2+(m+l)\lambda^{\mathcal{H}})$	$O(12l\lambda^3)$
DGHV-SCS	$O((m+1)\lambda^{20}+3l\lambda^2+(m+l)\lambda^{\mathcal{H}})$	$O(1l\lambda^{20})$

第七节　实验仿真

本节对构造最简单的 RSA-SCS 方案进行了大量的实验仿真。实验仿真的主要工具是 ECLIPSE 2014。本节实验仿真的物理环境是：用两台电脑分别模拟用户和云平台，每台电脑的配置都是 4G Hz 的英特尔 I7-4900 CPU 和 32 GB 的 RAM。选择四个数据集进行测试，分别是 '＊-image. sql. gz'、'＊-pages-articles-multistream-index. txt. bz2'、'＊-stub-meta-current. xml. gz' 和 '＊-pages-meta-current. xml. bz2'，其中 '＊' 表示 'simplewiki-latest'[130]。为了方便描述，这四个文件分别记为 $\mathbf{F}_1$、$\mathbf{F}_2$、$\mathbf{F}_3$ 和 $\mathbf{F}_4$。

在实验中，随机审计序列的长度被设置为 10。本节实验的对象是 RSA-SCS 方案，因为它比 Pallier-SCS 方案和 DGHV-SCS 方案更加高效。接下来，本节将从存储负载、通信负载和计算负载三个方面给出 RSA-SCS 方案的实验数据，并与现有的安全外包云存储方案进行对比。

一、存储负载

用户需要存储密钥 $SK=(g, h, n, K_1)$，公钥 $PK=t$ 和审计序列 σ，其中在完全审计时 $\sigma=K_2$，在随机审计时 $\sigma=[(i_1, i_2, \cdots, i_L), K_2]$。云平台需要存储公钥 PK 和外包数据信息 (a_i, b_i)，$1\leqslant i\leqslant m$。表 3-3 展示了 RSA-SCS 方案的存储负载。可以看到云平台的存储负载是原文件大小的三倍左右，这是因为云平台使用 JAVA 内部类 DigInteger 存储大整数，引入了额外的存储负载。另外还可以发现，在相同的审计机制下，用户存储负载保持不变。在完

全审计中，用户存储负载为 384 B；在随机审计中，用户存储负载为 512 B。这是因为用户只存储密钥、公钥和审计参数，这些参数的大小都不会随着数据集的变化而改变。另外，还可以观察到，完全审计的用户存储负载低于随机审计的用户存储负载。这是因为相对于随机审计，完全审计的审计序列并不包含待审计数据块的索引信息。

表 3-3　　**RSA-SCS 方案的存储负载**

文件编号	文件大小	用户		云平台
		全部审计	随机审计	
F_1	6.69 KB	384 B	512 B	15.57 KB
F_2	1.96 MB	384 B	512 B	4.48 MB
F_3	33.4 MB	384 B	512 B	79.93 MB
F_4	166 MB	384 B	512 B	397.01 MB

二、通信负载

表 3-4 总结了通信负载的实验结果。数据完整性审计方案的通信负载包括用户发起的审计序列和云平台返回的完整性证据。因此，不同数据集在相同审计机制下具有相同的通信成本。另外，完全审计的通信负载比随机审计的通信负载要小，这要因为完全审计的审计序列更加的简短。

表 3-4　　**RSA-SCS 方案的通信负载**

文件编号	通信负载	
	全部审计	随机审计
F_1	352 B	408 B
F_2	352 B	408 B
F_3	352 B	408 B
F_4	352 B	408 B

三、计算负载

表3-5和表3-6分别列出了在完全审计和随机审计机制下RSA-SCS方案的计算负载。RSA-SCS. KeyGen子算法计算负载较低，大约为30毫秒。RSA-SCS. Outsource子算法的计算负载随着外包存储数据量的增加而变大，这是因为外包存储数据量的增加将会引入更多的数据标签计算。RSA-SCS. Audit子算法的计算负载很低。在完全审计中，RSA-SCS. Audit子算法的计算负载几乎不随着数据集的改变而变化，大约为0.023毫秒。在随机审计中，RSA-SCS. Audit子算法的计算负载取决于审计序列的长度，最大值仅为0.036毫秒。在不同的审计机制下，RSA-SCS. Prove子算法的计算负载相差较大。对于完全审计，RSA-SCS. Prove子算法的计算成本非常大，这是因为云平台需要遍历所有外包存储数据才能生成完整性证据；对于随机审计，RSA-SCS. Prove子算法的计算负载取决于审计数据块的数目，在审计10个数据块时计算负载大约为65毫秒。在不同审计机制下，RSA-SCS. Verify子算法的计算负载差别也很大，原因和RSA-SCS. Prove子算法类似。

表3-5 **RSA-SCS方案在完全审计机制下计算负载(单位：毫秒)**

文件编号	KeyGen	Outsource	AuditTP	ProveTP	VerifyTP
F_1	35. 19	108	0. 022	233	139
F_2	28. 14	31315	0. 025	59975	30233
F_3	33. 27	536340	0. 021	1113710	558029
F_4	30. 61	2685498	0. 020	5516454	2719502

表3-6 **RSA-SCS方案在随机审计机制下计算负载(单位：毫秒)**

文件编号	KeyGen	Outsource	AuditTP	ProveTP	VerifyTP
F_1	41. 29	111	0. 027	68. 94	52. 19
F_2	30. 57	31878	0. 028	65. 70	58. 46
F_3	27. 31	660798	0. 033	67. 57	50. 79
F_4	28. 74	3093334	0. 036	66. 48	61. 52

四、与现有方案的对比

本小节将详细比较 RSA-SCS、Ateniese 等人[24]、Shacham 等人[28]和 Chen 等人[35]的方案性能。为了方便起见，本小节在随机审计机制下评估这四个方案的性能。

(1)图 3-2 给出了不同数据完整性审计方案存储负载的对比。可以看到，RSA-SCS 方案比其他方案所消耗的用户存储资源更少。这主要是因为在 RSA-SCS 方案中，用户密钥和数据完整性证据所包含的数据量最少。另外，由于在 Chen 等人的方案[35]中多个数据块共同生成一个数据标签，因此云平台需要存储的外包数据信息量最少。Chen 等人的方案[35]也因无法很好地支持数据动态更新功能，而大大地影响了实用性能。

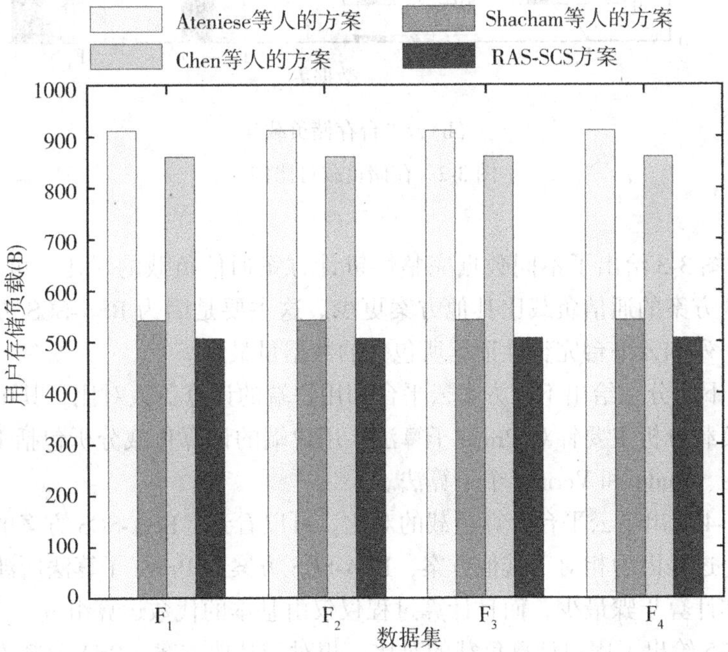

(a)用户存储负载

图 3-2　存储负载对比(1)

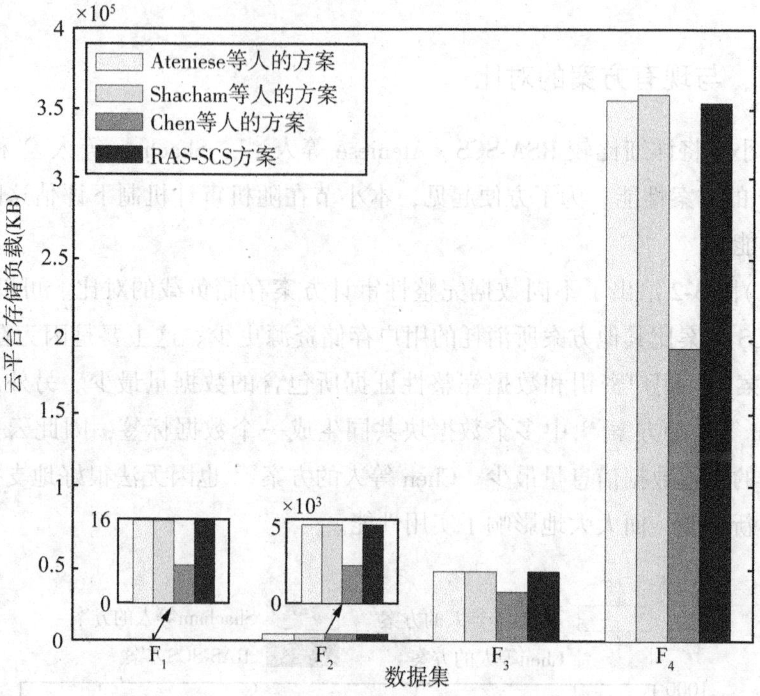

(b)云平台存储负载

图 3-2　存储负载对比(2)

(2)图 3-3 给出了不同数据完整性审计方案通信负载的对比。可以看到，RSA-SCS 方案的通信负载比其他方案更少。这主要是因为 RSA-SCS 方案的用户审计序列和云平台完整性证据所包含的数据量最少。

(3)下面分别给出不同方案云平台和用户端的计算负载对比。其中云平台的计算负载分析主要针对 Prove 子算法，用户端的计算负载分析包括 KeyGen、Outsource、Audit 和 Verify4 个子算法。

图 3-4 给出了云平台计算负载的对比。可以看到，RSA-SCS 方案的计算负载最低。这是因为相对于其他方案，RSA-SCS 方案的 Prove 子算法所涉及的计算变量和计算步骤最少，而且计算过程仅仅由基本的代数运算组成。

图 3-5 给出了用户计算负载的对比。相对于其他方案，RSA-SCS 方案用户端每个子算法 KeyGen、Outsource、Audit 和 Verfiy 的计算负载都具有一定优势。这主要是因为 RSA-SCS 方案每个子算法的运算变量和运算步骤都较少，而且运算过程不涉及复杂的密码学操作。

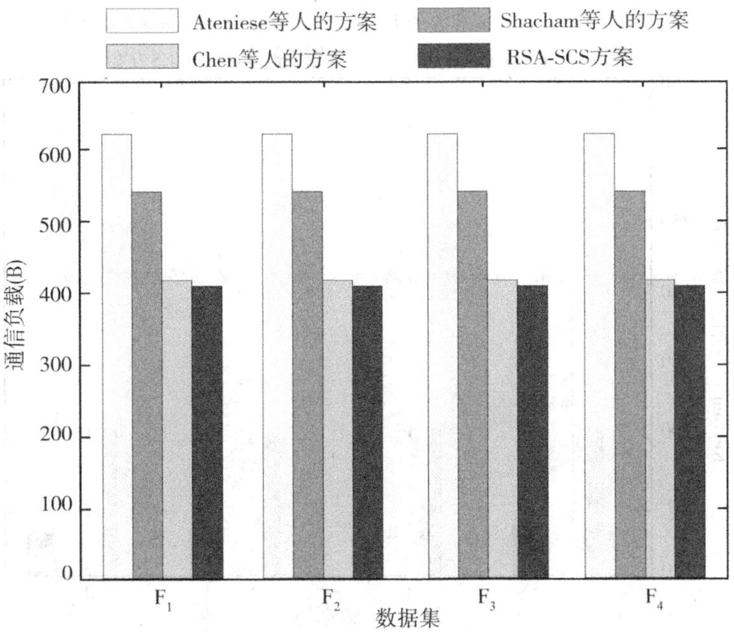

图 3-3 通信负载对比

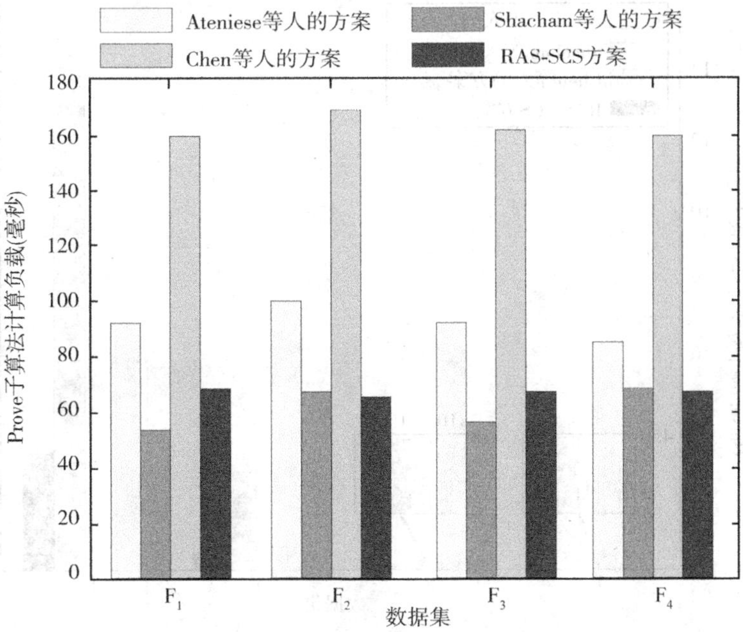

图 3-4 云平台计算负载对比

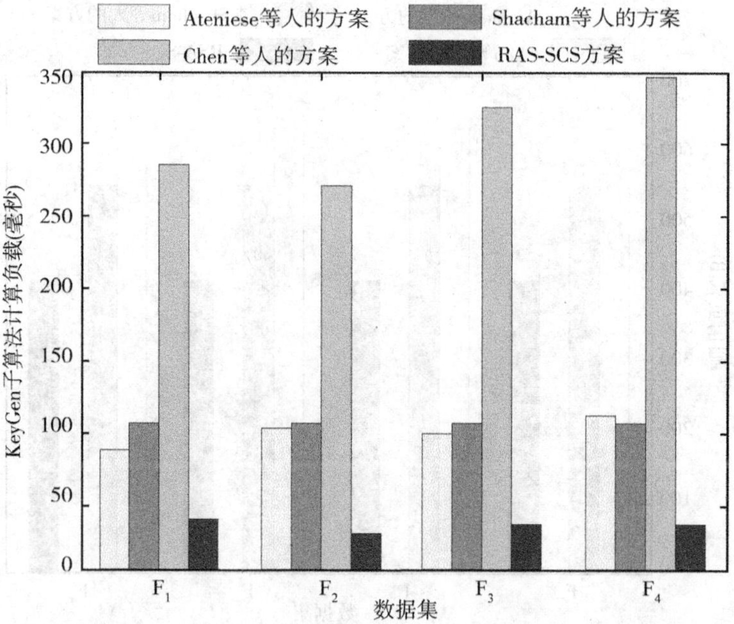

(a) KeyGen 子算法

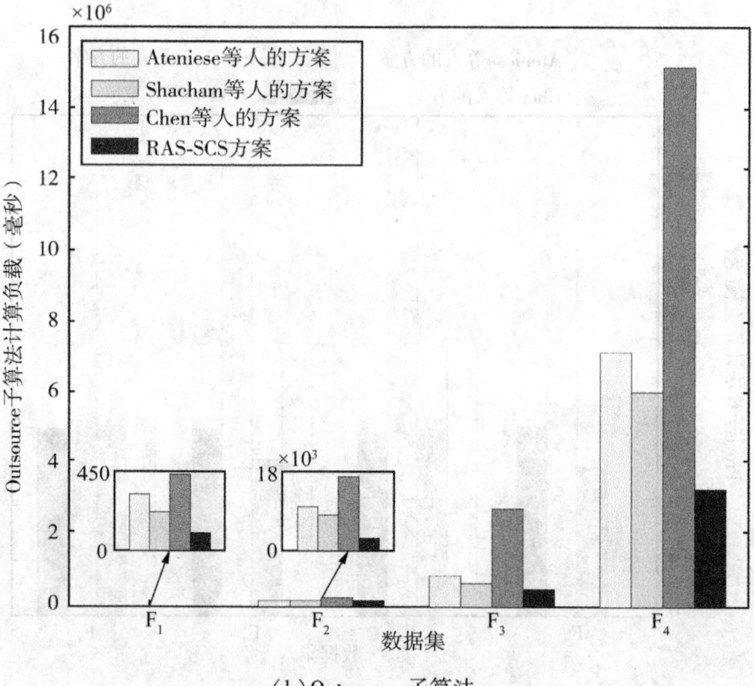

(b) Outsource 子算法

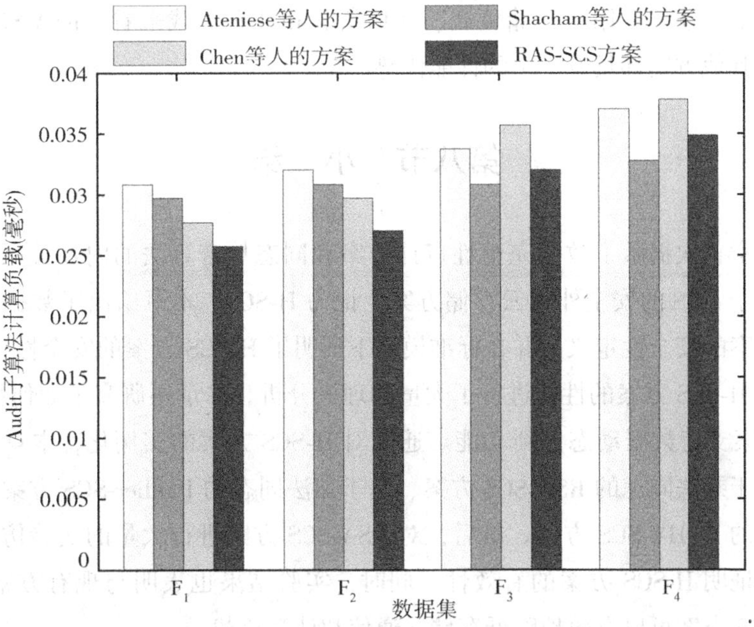

(c) Audit 子算法

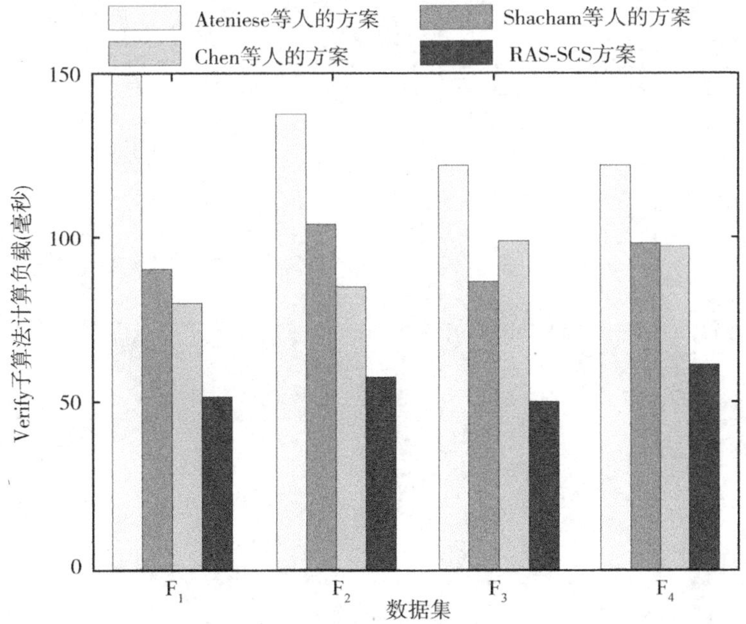

(d) Verify 子算法

图 3-5　云平台计算负载对比

综上所述，从用户存储负载、通信负载和计算负载来看，RSA-SCS 方案相对于其他方案都具有一定的性能优势。

第八节　小　结

本章首次揭示了数据完整性审计方案和同态加密算法的内在关系，提出一种基于 HES 的安全外包云存储方案，记为 H-SCS。本章给出了数据完整性审计方案的安全性定义，并在标准模型下证明了 H-SCS 方案的安全性。随后，本章对 H-SCS 方案的性能进行了大量的理论分析。本章还研究了如何扩展 H-SCS 方案支持数据动态更新功能。通过对 H-SCS 方案的实例化，本章分别设计了基于乘法同态的 RSA-SCS 方案、基于加法同态的 Paillier-SCS 方案和基于全同态的 DGHV-SCS 方案。最后，对 RSA-SCS 方案进行大量的实验仿真，进一步地证明 H-SCS 方案的有效性。同时，实验结果也表明与现有方案相比，RSA-SCS 方案可以有效地降低存储、通信和计算负载。

第四章　基于离散对数问题设计支持第三方审计的安全外包云存储方案

支持第三方审计的安全外包云存储方案是指用户通过经济支出委托 TPA 进行云存储数据的完整性审计，从而进一步降低本地负载，并能够有效地避免用户和云服务商对于完整性审计结果所产生的争议。

本章将基于离散对数问题设计支持第三方审计的安全外包云存储方案。第一节介绍了支持第三方审计的安全外包云存储方案的基础知识。第二节基于 DLP 提出了安全外包存储的第三方数据完整性审计方案，即 DLP-TPSCS。第三节在标准模型下详细地证明 DLP-TPSCS 方案的安全性。第四节通过详细的理论分析，可以发现 DLP-TPSCS 方案由于仅仅涉及基本的代数运算，因此相对于现有的支持第三方审计的安全外包云存储方案具有一定的性能优势。第五节介绍了如何通过索引向量扩展 DLP-TPSCS 方案支持数据动态更新功能，其中的关键之处在于通过索引向量维护数据块索引和标签索引的映射关系。第六节根据所设计的 DLP-TPSCS 方案，归纳总结出了由计算困难问题到支持第三方审计的安全外包云存储方案的转换方法。为了提高安全性，第七节基于 ECDLP 设计了支持第三方审计的安全外包云存储方案，记为 ECDLP-TPSCS，并给出了详细的性能分析。第八节扩展了第三章提出的 H-SCS 方案支持第三方数据完整性审计功能。第九节通过大量的实验仿真对所提出的 DLP-TPSCS 方案进行了性能评估。第十节对本章进行了小结。

第一节　基础知识

本节首先介绍支持第三方审计的安全外包云存储的系统模型和相应的安全挑战，其次提出了方案的设计目标和设计框架，再次设计了安全模型，最后介绍了相关的数学背景。

一、系统模型和安全挑战

本小节描述了支持第三方审计的安全外包云存储方案(见图 4-1)的系统模型。在该方案中，往往存在三个参与方：云存储用户、云平台和 TPA。资源受限的云存储用户将海量数据外包存储在资源丰富的云平台，并将数据完整性审计工作委托给客观公正的 TPA 执行。在接收到云存储用户的完整性审计请求后，TPA 发起审计查询来验证云存储数据的完整性。通常，为了降低用户和 TPA 之间的通信负载，只有当检测出数据丢失时，TPA 才会通知用户。

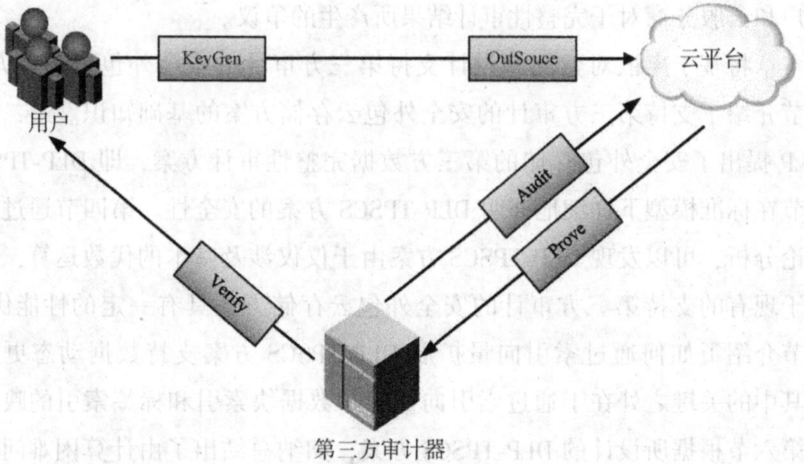

图 4-1　支持第三方审计的安全外包云存储方案

支持第三方审计的安全外包云存储系统的安全挑战主要来自云平台和 TPA 的恶意攻击。云平台由于客观原因确实存在异常丢失用户数据的可能性，例如：云平台管理人员的非法操作、传输异常和网络攻击等。为了保护自身的经济利益和名誉声望，云平台存在欺骗用户和 TPA 的动机，达到隐瞒用户数据丢失的目的。所以，用户有必要对云存储数据发起不定期的完整性审计，保护自身的合法权益不会被暗地侵犯。另外，TPA 有可能会通过云平台的完整性证据，试图非法的窃取被审计用户的数据信息。

二、设计目标和系统框架

为了有效地应对在云存储系统中存在的安全威胁，第三方数据完整性审计案应该满足以下四个设计目标：

(1)正确性。如果云平台存储数据是完整无缺的，那么云平台返回的完整性证据可以通过TPA的完整性验证。

(2)隐私性。云平台和TPA都无法未经授权地获取用户的隐私信息。

(3)安全性。即使丢失用户数据的云平台力图欺骗TPA，TPA依然能够通过完整性审计检测出云存储数据是否依然完整。

(4)高效性。云存储用户、云平台和TPA的存储、计算和通信负载都应该尽可能的少。

支持第三方审计的安全外包云存储方案通常包括五个部分，记为TPSCS=(KeyGen、Outsource、Audit、ProveTP、VerifyTP)，具体描述如下所示：

(1)KeyGen(1^λ)→K：输入安全参数λ，用户运行此算法生成密钥K，包括私钥SK和公钥PK。

(2)Outsource(D; K)→D'：输入待外包数据D，用户运行此算法生成外包数据D'。

(3)Audit(1^λ)→σ：输入安全参数λ，TPA运行此算法生成审计序列σ。

(4)ProveTP(σ, D'; PK)→Γ：输入审计序列σ和外包存储数据D'，云平台运行此算法生成数据完整性证据Γ。

(5)VerifyTP(σ, Γ; SK)→q：输入审计序列σ和数据完整性证据Γ，TPA运行此算法输出验证结果q。如果通过验证，则用户输出$q=1$；否则输出$q=0$。

三、安全模型

本小节详细地描述了支持第三方审计的安全外包云存储方案的安全模型。由于TPSCS方案所面临的安全挑战同样来自数据完整性审计的安全性以及用户隐私性的保障，因此分别引入实验SG和PP来描述这两类攻击行为。

(1)数据完整性审计的安全性。实验SG用于描述云平台对用户和TPA的欺骗行为。在SG中挑战者表现为用户和TPA，攻击者表现为云平台。定义

SG 的框架如下所示：

① Setup(λ)→(SK，PK)：挑战者通过调用 TPSCS. KeyGen 算法来计算系统的私钥 SK 和公钥 PK。挑战者将 PK 传递给对手。

② TagQuery(ID，D)→D'：攻击者可以向挑战者查询任何用户数据的标签信息。假设攻击者查询用户 U_{ID} 的数据 D 的标签 D'。挑战者首先通过调用 TPSCS. Outsource 算法来计算 D 的数据标签 D'，然后将 D' 反馈至攻击者。

③ ProofGen(D，D'；PK)→(σ，Γ)：在接收到挑战者反馈的数据标签 D' 后，攻击者基于本地生成的审计序列 σ 来伪造数据完整性证据 Γ，最后将审计序列和伪造的数据完整性证据反馈至挑战者。

④ Output(σ，Γ；SK，PK)→ζ：在接收到攻击者的审计序列 σ 和伪造证据 Γ 后，挑战者调用 TPSCS. VerifyTP 算法输出布尔值 ζ。如果 $\zeta=1$，那么认为挑战者挑战失败；否则认为挑战者挑战成功。

那么，如果 Pr[SG. Output=1]=negl(λ)，则认为丢失数据的云平台很难通过 TPA 的数据完整性验证，其中 negl(·)表示一个非常小的数。这也意味着，TPSCS 方案可以有效地应对云平台的恶意攻击。另外，为了避免云平台提供伪造数据给用户下载，云存储用户需要能够基于合法的数据完整性证据恢复出自身数据。基于上述讨论，可以得到 TPSCS 方案的安全性定义，如下所示：

定义 4-1　为了保障安全性，支持第三方审计的安全外包云存储方案 TPSCS =（KeyGen，Outsource，Audit，ProveTP，VerifyTP）应该满足 Pr[SG. Output=1]=negl(λ)，并且云存储用户能够通过数据完整性证据重建自身的原始数据。

(2)用户隐私的保障性。引入实验 PP 来描述云平台和 TPA 对用户隐私数据的窃取行为。在 PP 中，挑战者表现为用户，而攻击者表现为云平台和 TPA。定义 PP 的框架如下所示：

① Setup(λ)→(SK，PK)：该算法与 SG. Setup 相同，因此这里省略。

② DataGen(ID)→D'：攻击者可以查询任何用户数据的外包数据。假设攻击者查询用户 U_{ID} 的外包数据 D'。挑战者首先生成用户 U_{ID} 的随机原始数据 D，然后调 TPSCS. Outsource 算法来计算原始数据 D 的外包数据 D'，并将 D' 反馈至攻击者。

③ ProofQuery(D', ID; PK)→(γ, Γ)：攻击者可以查询任何用户数据的数据完整性证据。假设攻击者查询用户的数据完整性证据 Γ。挑战者通过调用 TPSCS. Prove 算法来计算数据完整性证据 Γ，并将 Γ 反馈给攻击者。

④ Recover(Γ; PK)→$\hat{D}$：在接收到数据整性证据 Γ 后，攻击者利用 Γ 和 D'来重建用户数据 $\hat{D}$，然后将其发送至挑战者。

⑤ Output($\hat{D}$, D)→ζ：在接收到攻击者重建的用户数据 $\hat{D}$ 后，挑战者将 $\hat{D}$ 与原始数据 D 进行比较。如果 $\hat{D}=D$，则挑战者输出 $\zeta=1$；否则输出 $\zeta=0$。

那么，如果 Pr[PP. Output=1]=negl(λ)，则可以认为 TPSCS 方案可以防止用户隐私泄露至 TPA 和云平台。基于上述讨论，可以得到 TPSCS 方案的隐私性定义，如下所示：

定义 4-2　为了保障用户的隐私性，支持第三方审计的安全外包云存储方案 TPSCS = (KeyGen, Outsource, Audit, ProveTP, Verify) 应该满足 Pr[PP. Output=1]=negl(λ)。

四、数学背景

本小节首先重点介绍本章中使用的符号。令$\mathbb{Z}_p$ 表示集合{0, 1, …, $p-1$}，$\mathbb{Z}_p^m$ 表示从集合$\mathbb{Z}_p$ 中随机选择 m 个数。假设数据 $D=(d_1, d_2, \cdots, d_m)$ 表示外包存储数据，其中 $d_i \in \mathbb{Z}_p$ 表示第 i 个数据块，m 表示数据块的总数目。

其次介绍 DLP，如下所示：

$$b=a^x \mod p$$

其中，a 表示任意的整数，p 表示任意的大素数，x 表示待求解的未知参数。假设已知 a、b 和 p，目前已知的最快求解 DLP 算法的计算复杂度为 $e^{((\ln p)^{1/3}(\ln(\ln p))^{2/3})}$[131]-[133]。因此，当 p 足够大时，求解 x 将会是非常困难的。

最后介绍 ECDLP。设$\mathbb{G}$是一个在椭圆曲线 E 上的循环群，g 是$\mathbb{G}$的生成元。那么，ECDLP 可以表示为：

$$b=xa$$

其中 a 和 b 分别为椭圆曲线 E 上的两个点，x 表示待求解的未知参数。目前，在给定 x 和 a 的情况下，求解 b 相对容易。但是，在给定 a 和 b 的情况下，求解 x 则非常困难。

第二节 基于离散对数问题的支持第三方审计的安全外包云存储方案

本节详细介绍了如何基于 DLP 问题设计支持第三方审计的安全外包云存储方案 DLP-TPSCS=(KeyGen, Outsource, Audit, ProveTP, VerifyTP)。首先重点介绍了 DLP-TPSCS 方案的设计原理，其次分别设计了 DLP-TPSCS 方案的每个子算法，最后归纳总结出了整个 DLP-TPSCS 方案的系统框架。

一、设计原理

首先介绍 DLP-TPSCS 方案设计所依赖的基本理论。

定理 4-1 如果 $\alpha=\prod_i (ra_i)^{e_i}\mathrm{mod}p$ 和 $\beta=\prod_i b_i^{e_i}\mathrm{mod}p$，其中 $a_i=rd_i\mathrm{mod}p$ 和 $b_i=(ird_i)^x\mathrm{mod}p$，那么：

$$\beta=\alpha^x\prod_i i^{xe_i}\mathrm{mod}p$$

其中 r 和 e_i 都是随机生成数。

证明 将 $a_i=rd_i \quad \mathrm{mod}p$ 和 $b_i=(ird_i)^x\mathrm{mod}p$ 代入 $\beta=\prod_i b_i^{e_i} \quad \mathrm{mod}p$，可以直接得到：

$$\beta=\prod_i (ird_i)^{e,\ x} \quad \mathrm{mod}p=\alpha^x\prod_i i^{q,\ x} \quad \mathrm{mod}p$$

证明完成。

接下来，利用定理 4-1 来设计 TPSCS 方案。用户计算外包数据信息为 $(a_i,\ b_i)=(rd_i \quad \mathrm{mod}p,\ (rd_i)^x \quad \mathrm{mod}p)$，并发送至云平台进行存储，其中 $1\leqslant i\leqslant m$。TPA 在接收到用户数据完整性审计请求后，生成审计查询序列 σ，并发送至云平台。云平台在接收到 TPA 的审计查询序列 σ 后，计算被审计数据的完整性证据为 $\Gamma=(\alpha,\ \beta)=(\prod_i d_i^{e_i} \quad \mathrm{mod}p,\ \prod_i (id_i)^{e_i x} \quad \mathrm{mod}p)$，并反馈至 TPA，其中 e_i 表示审计查询序列的第 i 个元素。TPA 在接收到云平台的完整性证据 $\Gamma=(\alpha,\ \beta)$ 之后，根据定理 4-1 来验证云存储数据的完整性。综上所述，可以基于 DLP 设计支持第三方审计的安全外包云存储方案。

二、方案设计

本小节分别详细地介绍了 DLP-TPSCS 方案每个子算法的设计思路。

(1) KeyGen。输入安全参数 λ，云存储用户运行此算法生成私钥和公钥。用户随机选择三个大整数 x，r，$p \in \mathbb{Z}_p$，其中 p 是素数。根据定理4-1，用户需要将 x 通过安全的传输信道[134]传送至TPA；为了防止TPA和云平台获得原始数据，用户需要将 r 保存在本地。因此，系统的私钥是 (r, x)，系统的公钥是 p。

(2) Outsource。用户首先将数据 D 分割成数据块 $(d_1, d_2, \cdots, d_m)$，其次通过计算 $a_i = rd_i \bmod p$ 和 $b_i = (ird_i^{\,x}) \bmod p$ 得到外包数据信息，最后将 (a_i, b_i) 一起外包存储在云平台存储，其中 $1 \leqslant i \leqslant m$。

(3) Audit。TPA根据实际情况，选择对全部数据和部分数据进行完整性审计，分别记为全部审计和随机审计。对于全部审计，TPA发送 $\sigma = K_1$ 至云平台，云平台通过计算 $e_i = F_{K_1}(i)$ 得到审计序列 $(e_1, e_2, \cdots, e_m)$，其中 $F_{K_1}(\cdot)$ 表示在哈希散列函数集合 $\{F(\cdot)\}$ 中索引为 K_1 的哈希散列函数。对于随机审计，TPA发送 $\sigma = [(i_1, i_2, \cdots, i_L), K_1]$ 至云平台，云平台通过计算 $e_{i_j} = F_{K_1}(i_j)$ 得到审计序列 $(e_{i_1}, e_{i_2}, \cdots, e_{i_L})$。

(4) ProveTP。在接收到审计序列之后，云平台根据定理4-1来计算数据完整性证据 $\alpha = \prod_i (ra_i)^{e_i} \bmod p$ 和 $\beta = \prod_i b_i^{e_i} \bmod p$，并反馈至TPA。

(5) VerifyTP。在接收到云平台完整性证据 $\Gamma = (\alpha, \beta)$ 之后，TPA验证等式 $\beta = \alpha^x \prod_i i^{xe_i} \bmod p$ 是否成立。如果成立，则认为云存储数据依然完整否则，认为云存储数据出现丢失，并通知相应的用户。

三、系统框架

本节重点介绍DLP-TPSCS方案的系统框架，如下所示：

(1) $\text{KeyGen}(1^\lambda) \rightarrow (\text{SK}, \text{PK})$：输入安全参数 λ，用户随机产生三个大整数 x、r 和 p，其中 p 是素数。基于以上生成参数，用户得到密钥 $K = (\text{SK}, \text{PK})$，其中 $\text{SK} = (r, x)$ 和 $\text{PK} = p$。用户将 x 通过安全信道发送至TPA。

(2) $\text{Outsource}(D; K) \rightarrow D'$：输入待外包数据 D，用户将 D 分成数据块 $(d_1, d_2, \cdots, d_m)$，其中 $d_i \in \mathbb{Z}_p$ 和 m 是数据块的总数目。对于每个数据块 d_i，用户计算 $a_i = rd_i \bmod p$ 和 $b_i = (id_i)^x \bmod p$，然后将 (a_i, b_i) 外包存储至云平台，其中 $1 \leqslant i \leqslant m$。

(3) $\text{Audit}(1^\lambda) \rightarrow \sigma$：TPA可以使用两种方式发起数据完整性审计，分别为：

① 完全审计。用户随机生成大整数 K_1，发送 $\sigma = K_1$ 至云平台。

② 随机审计。用户随机生成 $(i_1,\ i_2,\ \cdots,\ i_L)$ 和大整数 K_1，发送 $\sigma = [(i_1,\ i_2,\ \cdots,\ i_L),\ K_1]$ 至云平台。

(4) ProveTP$(D',\ \sigma;\ \mathrm{PK}) \rightarrow \Gamma$：对应两种不同的审计机制，云平台计算数据完整性证据的方式存在如下两种情况：

① 完全审计。云平台利用 $\sigma = K_1$ 生成审计序列 $(e_1,\ e_2,\ \cdots,\ e_m)$，其中 $e_i = F_{K_1}(i)$。云平台计算 $\alpha = \prod_{i=1}^{m} a_i^{e_i} \bmod p$ 和 $\beta = \prod_{i=1}^{m} b_i^{e_i} \bmod p$，然后将 $\Gamma = (\alpha,\ \beta)$ 发送至 TPA 作为数据完整性证据。

② 随机审计。云平台利用 $\sigma = [(i_1,\ i_2,\ \cdots,\ i_L),\ K_1]$ 生成审计序列 $(e_1,\ e_2,\ \cdots,\ e_L)$，其中 $e_{i_j} = F_{K_1}(i_j)$。云平台计算 $\alpha = \prod_{j=1}^{L} a_{i_j}^{e_{i_j}} \bmod p$ 和 $\beta = \prod_{j=1}^{L} b_{i_j}^{e_{i_j}} \bmod p$，然后将 $\Gamma = (\alpha,\ \beta)$ 发送至 TPA 作为数据完整性证据。

(5) VerifyTP$(\sigma,\ \Gamma;\ K) \rightarrow q$：TPA 验证等式 $\beta = \alpha^x \prod_i i^{xe_i} \bmod p$ 是否成立。如果等式成立，TPA 输出 $q = 1$；否则输出 $q = 0$，并将数据异常通知至审计用户。

第三节　安全分析

本节主要从正确性、隐私性和安全性三个方面来详细地分析 DLP-TPSCS 方案。

一、正确性

DLP-TPSCS 方案是正确的。TPA 通过判断等式 $\beta = \alpha^x \prod_i i^{xe_i} \bmod p$ 是否成立来验证云平台存储数据的完整性。根据定理 4-1，数据完整的云平台总是可以通过 TPA 的完整性验证；数据丢失的云平台则无法通过验证。

二、安全性

定义 4-1 给出了支持第三方审计的安全外包云存储方案的安全定义。本小节将根据定义 4-1 来证明 DLP-TPSCS 方案的安全性。首先证明云平台无法利用伪造的证据来欺骗 TPA，即 Pr[SG. Output=1]→0。然后证明即使云平台存在欺骗行为，用户也可以通过云平台的完整性证据来重建自身的数据。

定理 4-2 如果离散对数问题是计算困难问题，那么 DLP-TPSCS = (KeyGen, Outsource, Audit, ProveTP, VerifyTP)是安全的。

证明 由于定义 4-1 涉及的两个安全点，因此定理 4-2 的证明分为如下两步：

步骤 1。证明 Pr[SG. Output = 1] → 0。为了通过 TPA 的完整性验证，云平台需要伪造证据 $\Gamma^* = (\alpha^*, \beta^*)$ 满足 $\beta^* = (\alpha^*)^x \prod_i i^{xe_i} \bmod p$。为了实现这一目标，云平台需要知道 x 的值。然而，利用 $\beta^* = (\alpha^*)^x \prod_i i^{xe_i} \bmod p$ 求解 x 是计算困难的离散对数问题，因此云平台无法有效地求解 x。又因为 x 具有 λ 比特，所以云平台伪造完整性证据通过 TPA 验证的概率仅为 $1/2^{\lambda}$。当安全参数 λ 足够大时，可以得到 Pr[SG. Output = 1] → 0。

步骤 2。证明 DLP-TPSCS 方案能够确保用户正确恢复原始数据，如算法 4-1 所示。

算法 4-1 DLP-TPSCS 方案的数据恢复算法

输入：云平台存储的外包数据(a_i, b_i)。

输出：用户恢复原始数据 d_i。

1：flag=1

2：**while** flag **do**

3：用户通知 TPA 下载数据。

4：TPA 发送审计序列 $\sigma=\{i, 1\}$ 到云平台。

5：云平台返回数据完整性证据 $\Gamma=(\alpha, \beta)$。

6：**if** Γ 通过 TPA 的数据完整性验证

7：TPA 将 α 发送至用户。

8：用户通过求解 $\alpha=rd_i \mod p$ 得到 d_i。

9：flag=0。

10：**end if**

11：**end while**

12：**Return**

由于在定理 4-2 的证明中，步骤 1 和步骤 2 都不包含任何随机预言假设，因此可以得出 DLP-TPSCS 方案在标准模型下是安全的。

三、隐私性

根据隐私性定义 4.2，本小节将从云平台和 TPA 两个方面来研究 DLP-TPSCS 方案对用户隐私的保护。

(1) 云平台无法获取用户隐私。云平台无法从外包数据信息 (a_i, b_i) 中获取用户原始数据，其中 $1 \leqslant i \leqslant m$。根据用户外包数据信息，云平台可以获得 m 个方程组，如下所示：

$$\begin{cases} a_i = rd_i \bmod p \\ b_i = (rd_i)^x \bmod p \end{cases} \tag{4-1}$$

其中 $1 \leqslant i \leqslant m$。

由于式(4-1) 存在三个未知变量 x、r 和 d_i，因此云平台无法从式(4-1) 中求取 d_i，即云平台无法获取用户原始数据。

(2) TPA 无法获取用户隐私。TPA 无法从云平台完整性证据 (α, β) 中获取原始数据。根据云平台返回的数据完整性证据，TPA 可以获得如下方程组：

$$\begin{cases} \alpha = \prod_i (rd_i)^{e_i} \bmod p \\ \beta = \prod_i (ird_i)^{e_i x} \bmod p \end{cases} \tag{4-2}$$

式(4-2) 中存在多个未知变量。为了减少待求解的未知变量数目，实现破解用户数据的难度降低。假定 TPA 只对某一个用户云存储数据块 d_i 进行完整性审计，那么式(4-2) 可以被简化为：

$$\begin{cases} \alpha = (rd_i)^{e_i} \bmod p \\ \beta = (ird_i)^{e_i x} \bmod p \end{cases} \tag{4-3}$$

此时，虽然式(4-3) 只有两个未知变量 r 和 d_i，但是仍然无法求解。因为将 $\alpha = (rd_i)^{e_i} \bmod p$ 的等号两边同时乘以 $i^x \bmod p$ 可以得到 $\beta = (ird_i)^{e_i x} \bmod p$，所以式(4-3) 实际上只有一个有效方程。根据以上分析，TPA 无法利用数据完整性证据求解用户数据块d_i，即 TPA 无法获取用户原始数据。

综上所述，DLP-TPSCS 方案可以有效地保障用户的隐私不被云平台和 TPA 获取，即 Pr[PP. Output = 1] → 0。

第四节 性能评估

本节首先从存储负载、通信负载和计算负载三个方面详细地评估 DLP-TPSCS 方案的性能，然后将 DLP-TPSCS 方案与现有的 TPSCS 方案进行了详细的对比。

一、DLP-TPSCS 方案的性能分析

TPSCS 方案通常包含用户、云平台和 TPA 三个参与方。本小节将从理论上详细地分析 DLP-TPSCS 方案的用户、云平台和 TPA 的性能，包括存储负载、通信负载和计算负载三个方面。令 l 表示 TPA 审计序列的长度，$|D|$ 表示云存储用户原始数据的大小，$\lambda^{\mathcal{H}}$ 表示哈希散列映射的计算负载。另外，为了方便起见，本小节的理论分析只关注运算复杂度的最高阶项。

(1)用户负载。DLP-TPSCS 方案的用户端包含两个子算法，分别为：DLP-TPSCS. KeyGen 和 DLP-TPSCS. Outsource。性能分析如下所示：①存储负载主要来自存储系统的密钥，所以为 $O(1)$；②通信负载主要来自用户向云平台和 TPA 发送的系统参数信息，所以为 O(1)；③计算负载主要来自计算每个数据块的数据标签信息，所以为 $3m\lambda^3$。

(2)云平台负载。DLP-TPSCS 方案的云平台只包含 DLP-TPSCS. Prove 子算法。性能分析如下：①存储负载主要来自存储用户的外包数据信息，所以为 $O(|D|)$；②通信负载主要来自云平台发送至 TPA 的数据完整性证据 $\Gamma = (\alpha, \beta)$，所以为 $O(1)$；(3) 计算负载主要来自生成数据完整性证据 $\Gamma = (\alpha, \beta)$，其中 $\alpha = \prod_{j=1}^{i} a_{i_j}^{e_{i_j}} \bmod p$ 和 $\beta = \prod_{j=1}^{i} b_{i_j}^{e_{i_j}} \bmod p$，所以为 $6l\lambda^3$。

(3)TPA 负载。DLP-TPSCS 方案的 TPA 包含两个子算法，分别为 DLP-TPSCS. Audit 和 DLP-TPSCS. Verify 子算法。性能分析如下：①存储负载主要用于存储审计查询信息，因此为 $O(1)$；①通信负载主要来自 TPA 发送至

云平台的审计查询序列σ，因此为$O(l)$；③计算负载主要来自判断完整性验证等式$\beta = \alpha^x \prod_i i^{xe_i} \bmod p$是否成立，因此为$6l\lambda^3$。

二、与现有工作的性能对比

本小节将DLP-TPSCS方案与现有的TPSCS方案进行了全面的性能对比，如表4-1所示。相对于DLP-TPSCS方案，Zhu等人[48]、Yang等人[50]和Wang等人[51]的方案的计算复杂度都更高，这是因为这些现有方案设计都是基于双线性映射的。

表4-1　　不同TPSCS方案的性能对比

方案名称	存储负载			通信负载		
	用户	云平台	TPA	用户	云平台	TPA
Zhu等人[48]	$O(1)$	$O(\mid D\mid)$	$O(1)$	$O(1)$	$O(1)$	$O(l)$
Yang等人[50]	$O(1)$	$O(\mid D\mid)$	$O(1)$	$O(1)$	$O(1)$	$O(l)$
Wang等人[51]	$O(1)$	$O(\mid D\mid)$	$O(1)$	$O(1)$	$O(1)$	$O(l)$
DLP-TPSCS	$O(1)$	$O(\mid D\mid)$	$O(1)$	$O(1)$	$O(1)$	$O(l)$
ECDLP-TPSCS	$O(1)$	$O(\mid D\mid)$	$O(1)$	$O(1)$	$O(1)$	$O(l)$

方案名称	计算负载			数据动态更新	安全模型
	用户	云平台	TPA		
Zhu等人[48]	$m\lambda^4+m\lambda^H$	$l\lambda^4$	$l\lambda^4+l\lambda^H$	YES	ROM
Yang等人[50]	$m\lambda^4+m\lambda^H$	$l\lambda^4$	$l\lambda^4+l\lambda^H$	YES	ROM
Wang等人[51]	$m\lambda^4+m\lambda^H$	$l\lambda^4$	$l\lambda^4+l\lambda^H$	YES	ROM
DLP-TPSCS	$m\lambda^3$	$l\lambda^3$	$l\lambda^3$	YES	标准模型
ECDLP-TPSCS	$m\lambda^4$	$l\lambda^4$	$l\lambda^4+l\lambda^H$	YES	标准模型

从表 4-1 可以看出：DLP-TPSCS 方案具有较低的计算负载，并且支持数据动态更新功能(在第五节进行了详细的描述)。因此，DLP-TPSCS 方案相对于现有的 TPSCS 方案，具有更加广泛的应用范围。现有 TPSCS 方案的安全性都是基于随机预言模型 ROM 的，而 DLP-TPSCS 方案在标准模型下被证明是安全的。另外，表 4-1 所提及的 ECDLP-SCS 方案将在第七节进行详细的描述。

第五节　支持数据动态更新功能

本节将介绍如何扩展 DLP-TPSCS 方案支持数据的动态更新，包括数据块插入、删除和修改。

在 DLP-TPSCS 方案中，用户将待外包数据分割成多个数据块，然后计算数据块 d_i 的外包信息(a_i，b_i)，其中 $a_i = rd_i \mod p$ 和 $b_i = (ird_i)^x \mod p$，$1 \leq i \leq m$。数据块的索引 i 被嵌入数据外包信息 b_i 中，将嵌入 b_i 的索引记为标签索引。每当数据块被插入和删除时，该数据块之后的数据索引都将被改变，那么相应的 b_i 也需要被重新计算，否则由 b_i 生成的合法完整性证据也将无法通过 TPA 的验证。

为了有效地解决这些问题，TPA 通过引入索引向量 index_vector 来维护数据块索引和标签索引之间的映射，其中 index_vector 的索引和元素分别用于表示数据块索引和标签索引。在每次更新操作时，用户将更新操作通知 TPA，由 TPA 为操作块分配一个新的索引，并更新 index_vector 中数据块索引和标签索引之间的映射关系。如此一来，即使不重新计算数据外包信息 b_i，TPA 也能够通过 index_vector 中数据块索引和标签索引的映射关系来完成完整性验证。那么，TPSCS 方案进行数据动态更新的效率将会被大大地提高。

综上所述，所设计的数据动态更新算法如下所示：

(1) TPA 维护 index_vector 和 latest_block_index。其中，index_vector 表示数据块索引和标签索引之间的映射关系，latest_block_index 表示最新增加或者修改的数据块索引。它们的初始值分别为 index_vector = $\{1, 2, \cdots, m\}$ 和 latest_block_index = m。

(2) 当用户更新数据块时，TPSCS 方案通过执行算法 4-2 来完成 TPA 和云平台相对应的更新操作。

算法 4-2　DLP-TPSCS 方案的数据动态更新算法

输入：用户更新数据块 d_i。

输出：用户、TPA 和云平台相应的操作。

1：**if** 删除数据块 d_i

2：　用户将数据块索引 i 发送至 TPA。

3：　收到数据块索引 i 后，TPA 从 index_vector 删除 i，然后将索引 i 发送至云平台。

4：　收到索引 i 后，云平台删除第 i 个数据外包信息(a_i, b_i)。

5：**else if** 插入数据块 d_i

6：　用户计算 d_i 的外包数据信息(a_i, b_i)，其中 $a_i = rd_i \mod p$ 和 $b'_i = (rd_i)^x \mod p$。用户将数据块索引 i 和(a_i, b') 发送至 TPA。

7：　收到i 和(a_i, b') 后，TPA 将 last_block_index 插入 index_vector 第 i 个元素的位置，然后计算 $b_i = (\text{last\_block\_index} + 1)^x b'_i \mod p$，并将 i 和(a_i, b_i) 发送至云平台。

8：　TPA 将 last_block_index 插入 index_vector 第 i 个元素的位置，并计算 last_block_index = last_block_index + 1。

9：　接收到 a_i、b_i 和 i 后，云平台将(a_i, b_i) 添加为第 i 个元素。

10：**else if** 修改数据块 d_i

11：修改数据块可以视为先删除原数据块，再新增修改后数据块。因此可以通过步骤 1-9 实现数据块 d_i 的修改。

12：**end if**

为了便于理解算法 4-2，图 4-3 给出了详细的示例说明。通过图 4-3，可以清晰地看到在数据插入、删除和修改时 index_vector 所发生的变化。最初，标签索引和数据块索引都是相同的序列 1，2，…，m。在插入一个新的数据块 d_5 后，d_5 的数据块索引为 5，标签索引为 m+1。d_5 后面所有数据块的块索引都增加了 1。在删除数据块 d_4 后，d_4 后面所有数据块的索引都减少了 1，但是这些数据块的标签索引并不会改变。在修改了块 d_5 到 d_5' 之后，TPA 分配一个新的标签索引 $m+2$ 给 d_5'，并保持它的数据块索引不变。由上述分析可以看出，数据更新将会使标签索引序列变得不再连续有序，而数据块索引序列则始终是从 1 到数据块总数的连续整数。因此，index_vector 的索引和元素可以被分别用来表示数据块索引和标签索引。

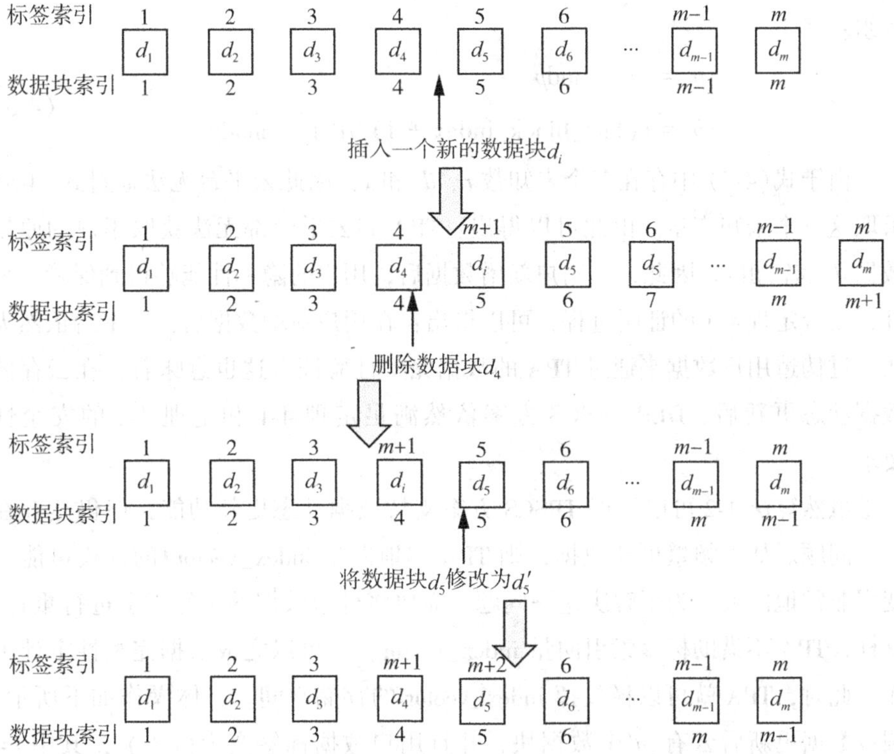

图 4-3　在数据动态更新时 index_vector 的变化

值得注意的是，用户通过算法 4-2 更新远端的云存储数据，并不会导致 DLP-TPSCS 方案的安全性。原因如下：(1)在用户删除数据时，由于只发送删除数据块的索引，因此不会泄露用户的原始数据和私钥，破坏方案的安全性；(2)在用户修改数据时，可以被视为对数据先删除后新增。因此，下面重点分析在用户新增数据时，方案所受到的安全挑战。

一方面，根据用户发送的信息 i 和$(a_i,\ b')$，TPA 可以得到如下方程组：

$$\begin{cases} a_i = rd_i \mod p \\ b'_i = (rd_i)^x \mod p \end{cases} \tag{4-4}$$

由于式(4-4)中存在两个待求解变量 d_i 和 r，然而式(4-4)中的两个方程实际为同一个方程，因此 TPA 无法利用式(4-4)来求取用户的原始数据 d_i 和密钥 r。

另一方面，根据 TPA 发送的信息 i 和 (a_i, b_i)，云平台可以得到如下方程组：

$$\begin{cases} a_i = rd_i \mod p \\ b_i = ((\text{last\_block\_index} + 1)^x rd_i)^x \mod p \end{cases} \tag{4-5}$$

由于式(4-5)中存在三个未知数 r、d_i 和 x，因此云平台无法通过式(4-5)求取这三个未知变量。由此可以得出：TPA 和云平台都无法获取用户的原始数据 d_i 和密钥 r。因此，在用户新增数据后，用户的隐私性能够得到保障。另外，结合定理 4-1 的证明过程，可以得出：在用户新增数据后，云平台依然无法通过伪造用户数据来通过 TPA 的数据完整性验证。这也意味着，在云存储数据动态更新后，DLP-TPSCS 方案依然满足定理 4-1 和定理 4-2 的安全性要求。

虽然算法 4-2 可以扩展 TPSCS 方案支持数据动态更新功能，但仍然存在一个问题。如果频繁更新数据，则 TPA 本地向量 index_vector】的规模可能会变得非常地巨大。为了解决这一问题，需要将外包数据的标签索引进行重置。这样，TPA 不借助标签索引向量 index_vector，也可以完成数据完整性审计工作。此时，TPA 就可以释放掉 index_vector 的存储空间。具体操作如下所示。假设数据更新后云有 m' 个数据块，并且用户数据标签变为 $(i_j d_{i_j})^x$，其中 $j=(1, 2, \cdots, m')$。此时，标签索引向量 index_vector $=[i_1, i_2, \cdots, i_{m'}]$。要将这些标签索引重置为 $[1, 2, \cdots, m']$，审计方可以向云平台发送重置消息 $(jd_j)^x(i_j d_{i_j})^{-x} \mod p$，其中 $j=1, 2, \cdots, m'$，$(\cdot)^{-1} \mod p$ 表示 $(\cdot) \mod p$ 的乘法逆。收到索引重置消息后，云平台通过计算 $s_i \cdot (jd_j)^x(i_j d_{i_j})^{-x} = (jd_j)^x$ 将用户云存储数据的标签索引重置为 $[1, 2, \cdots, m']$。接下来，TPA 可以清空 index_vector，并释放相应的存储空间。值得注意的是，DLP-TPSCS 的安全仍然可以得到有效的保障，因为密钥 x 无法从重置消息中破解。

与第三章提出的数据动态更新算法进行对比，可以发现：(1)第三章的算法 3-2 需要引入两个向量来分别维护新增和删除数据块索引及其标签索引的映射关系，然而本章的算法 4-2 仅仅使用一个向量即可实现数据动态更新功能，可以极大地提高索引映射关系的检索效率；(2)由于索引向量 index_vector 由资源强大的 TPA 进行维护，因而可以进一步地降低用户的负载。

第六节　基于计算困难问题设计 TPSCS 方案的通用框架

本节主要介绍了如何通过计算复杂困难问题构建支持第三方审计的安全外包云存储方案，记为 G-TPSCS = (KeyGen, Outsource, Audit, ProveTP, VerifyTP)。

在 TPSCS 方案中，外包数据通常由 (a_i, b_i) 组成，其中 $1 \leqslant i \leqslant m$。对于 a_i，计算 $a_i = rd_i$ 用于保护用户的隐私性。对于 b_i，选择计算困难问题 $f(x_1, x_2; \mathrm{SK})=0$，其中 SK 很难通过 x_1 和 x_2 进行求解。为了防止重放攻击，将数据块索引 i 嵌入 b_i 的计算中，用户计算 b_i 满足 $f(h(rd_i, i), b_i; \mathrm{SK})=0$，其中 $h(\cdot)$ 是一个简单的函数。随后，云平台需要计算数据完整性证据(α, β)，TPA 通过判断等式 $g(\alpha, \beta; \mathrm{SK})=0$ 是否成立来验证外包存储数据的完整性。根据上述讨论，G-TPSCS 方案的设计框架如下所示：

(1) $\mathrm{KeyGen}(1^{\lambda}) \rightarrow (\mathrm{SK}, \mathrm{PK})$：输入安全参数 λ，用户生成公钥 PK 和私钥 SK，其中 $\mathrm{SK}=(\mathrm{SK}_p, \mathrm{SK}_{np})$。$\mathrm{SK}_p$ 表示计算困难问题的私钥，SK_{np} 表示其他私钥部分。用户将 SK_p 通过安全信道共享至 TPA。

(2) $\mathrm{Outsource}(D; \mathrm{SK}) \rightarrow D'$：输入待外包数据 D，用户将 D 分割成数据块$(d_1, d_2, \cdots, d_m)$。对每个数据块 d_i，用户计算外包数据信息(a_i, b_i)，其中 $a_i = rd_i$ 和 b_i 满足 $f(h(rd_i, i), b; \mathrm{SK})=0$。$f(\cdot)$ 是一个计算困难问题，$h(\cdot)$ 是一个简单的函数。用户发送所有数据块的外包信息到云平台。

(3) $\mathrm{Audit}(K) \rightarrow \sigma$：用户可以通过完全审计或者随机审计完成数据的审计。具体实现过程和 DLP-TPSCS 方案一致。

(4) $\mathrm{ProveTP}(D', \sigma; \mathrm{PK}) \rightarrow \Gamma$：对应两种不同的审计机制，云平台计算完整性证据有如下两种情况：

① 完全审计。云平台利用 $\sigma = K_1$ 生成审计序列$(e_1, e_2, \cdots, e_m)$，其中 $e_i = F_{K_1}(i)$。云平台计算 $\alpha = g_1(a_1, a_2, \cdots, a_m; e_1, e_2, \cdots, e_m; \mathrm{PK})$ 和 $\beta =$

$g_2(b_1, b_2, \cdots, b_m; e_1, e_2, \cdots, e_m; \mathrm{PK})$，其中函数 $g_1(\cdot)$ 和 $g_2(\cdot)$ 需要满足 $g(\alpha, \beta; \mathrm{SK})=0$ 成立。然后，云平台将 $\Gamma=(\alpha, \beta)$ 发送至TPA作为数据完整性证据。

② 随机审计。云平台根据 $\sigma=[(i_1, i_2, \cdots, i_L), K_1]$ 生成审计序列 $(e_{i_1}, e_{i_2}, \cdots, e_{i_L})$，其中 $e_{i_j}=F_{K_1}(i_j)$。云平台计算 $\alpha=g_1(a_{i_1}, a_{i_2}, \cdots, a_{i_L}; e_{i_1}, e_{i_2}, \cdots, e_{i_L})$ 和 $\beta=g_2(b_{i_1}, b_{i_2}, \cdots, b_{i_L}; e_{i_1}, e_{i_2}, \cdots, e_{i_L})$，其中函数 $g_1(\cdot)$ 和 $g_2(\cdot)$ 需要满足 $g(\alpha, \beta; \mathrm{SK})=0$ 成立。然后，云平台将 $\Gamma=(\alpha, \beta)$ 发送至TPA作为数据完整性证据。

(5) $\mathrm{Verify}(\sigma, \Gamma; \mathrm{SK})\rightarrow q$：收到数据完整性证据 $\Gamma=(\alpha, \beta)$ 后，TPA判断等式 $g(\alpha, \beta; \mathrm{SK})=0$ 是否成立。如果等式成立，TPA输出 $q=1$；否则，TPA输出0，并通知用户数据异常。

结合上述分析，可以发现并不是所有计算困难问题都可以转换为TPSCS方案，例如：大整数分解[135]、最短向量问题[136]和近似最短向量问题[137]等。原因是这些计算困难问题不能转化为 $f(x_1, x_2; \mathrm{SK})=0$ 的形式。下面以大整数分解问题为例进行说明。大整数分解问题具体形式为 $N=PQ$，其中 P 和 Q 都是密钥SK，因此无法从大整数分解问题获取 x_1 和 x_2 构造 $f(x_1, x_2; \mathrm{SK})=0$。根据G-TPSCS方案设计框架，以下几个计算困难问题也可以用于设计TPSCS方案，分别为基于椭圆曲线的离散对数问题、最近向量问题[136]和近似最近向量问题[138]等。

第七节　G-TPSCS方案的实例化

本节根据第六节的通用设计框架，利用ECDLP进行实例化验证，即：基于ECDLP构建了一个新的TPSCS方案，记为ECDLP-TPSCS。根据Zhang等人和Stallings的工作可知[140][141]，在给定相同密钥长度的情况下，虽然基于ECC的ECDLP比DLP具有更加高的计算复杂度，但是也更加安全。因此，为了满足更高的安全性需求，ECDLP-TPSCS方案是比DLP-TPSCS方案更加好的选择。

一、ECDLP-TPSCS方案的设计原理

首先，我们基于ECDLP推导出定理4-3。设 $G(\cdot)$ 表示将任意输入随机

均匀地映射到基于ECC的循环群$\mathbb{G}$中某个点的函数：$\{0, 1\}^* \to \mathbb{G}$。

定理 4-3　如果$\alpha = \sum_i G(d_i)e_i$和$\beta = \sum_i s_ie_i$，其中$s_i = x(G(i) + G(d_i))$，那么可以得到如下等式：

$$\beta = x\alpha + x\sum_i G(i)e_i,$$

其中 e_i 是任意随机数。

证明　将$s_i = x(G(i) + G(d_i))$代入$\beta = \sum_i s_ie_i$，可以得到：

$$\beta = \sum_i x(G(i) + G(d_i))e_i = x\alpha + x\sum_i G(i)e_i \tag{4-6}$$

很明显，云存储用户可以利用式(4-6)来验证 ECDLP-TPSCS 方案中云存储数据的完整性。接下来直接套用 G-TPSCS 的设计框架，得到 ECDLP-TPSCS 方案，如下所示：

(1) KeyGen$(1^\lambda) \to K$：给定安全参数λ，云存储用户首先选择椭圆曲线$\mathbb{G}$及其生成元g，用于确定映射函数$G(\cdot)$，然后随机选择一个整数x。基于以上生成参数，用户得到密钥是SK = (x, G)，公钥是PK = g。用户将x通过安全信道发送至 TPA。

(2) Outsource$(D; \text{SK}) \to D'$：给定外包数据D，用户将D分成块$(d_1, d_2, \cdots, d_m)$，其中$d_i \in \mathbb{Z}^*$。用户计算$a_i = G(d_i)$和$b_i = x(G(i) + G(d_i))$，其中$1 \leqslant i \leqslant m$。用户将所有的$(a_i, b_i)$发送到云平台。

(3) Audit$(1^\lambda) \to \sigma$：TPA 可以用完全审计和随机审计两种方式来审计云存储数据的完整性，与 DLP-TPSCS 方案中的 Audit 算法一致。

(4) ProveTP$(D', \sigma; \text{PK}) \to \Gamma$：根据 TPA 发起的是完全审计还是随机审计，有如下两种方式生成数据完整性证据：

① 完全审计。云平台使用$\sigma = K_2$生成审计序列$(e_1, e_2, \cdots, e_m)$。接下来，云平台使用公钥g计算$\alpha = \sum_{i=1}^{m} a_ie_i$和$\beta = \sum_{i=1}^{m} b_ie_i$，并将$\Gamma = (\alpha, \beta)$作为数据完整性证据发送给 TPA。

② 随机审计。云平台使用$\sigma = K_2$生成审计序列$(e_{i_1}, e_{i_2}, \cdots, e_{i_L})$。接下来，云平台使用公钥$g$计算$\alpha = \sum_{j=1}^{L} a_{i_j}e_{i_j}$和$\beta = \sum_{j=1}^{L} b_{i_j}e_{i_j}$，并将$\Gamma = (\alpha, \beta)$作为数据完整性证据发送给 TPA。

(5) Verify(σ, Γ; SK) $\rightarrow\{0, 1\}$：在接收到云平台的数据完整性证据 $\Gamma=(\alpha, \beta)$ 后，TPA 使用审计序列 σ 和私钥 SK 来检查 $\beta = xa + x\sum_{i} G(i)e_i$ 是否成立。如果是，则 TPA 输出 1；否则，TPA 输出 0。

二、ECDLP-TPSCS 方案的性能分析

ECDLP-SCS 方案的性能分析仍然来自四个方面：正确性、隐私性、安全性和运行负载。

1. 正确性

如果云平台及其用户都严格遵循 ECDLP-TPSCS 协议，则根据定理 4-3，具有完整用户数据的云平台总是可以生成能够通过 TPA 验证的完整性证据。

2. 安全性

定义 4-1 给出了支持第三方审计的安全外包云存储方案的安全定义。下面将根据定义 4-1 来证明 ECDLP-TPSCS 方案的安全性。先证明云平台无法伪造证据成功欺骗 TPA，即 Pr[SG. Output = 1]→0。然后证明即使云平台存在欺骗行为，用户也可以通过云平台的完整性证据来正确获取自身数据。

定理 4-4　如果基于椭圆曲线的离散对数问题是计算困难问题，那么 ECDLP-TPSCS = (KeyGen, Outsource, Audit, ProveTP, VerifyTP) 是安全的。

证明　由于安全性定义 4-1 涉及两个安全要求，因此相应的证明分为如下两步。

步骤 1：证明 Pr[SG. Output = 1]→0。为了通过 TPA 的完整性验证，云平台需要伪造证据 $\Gamma^* = (\alpha^*, \beta^*)$ 满足 $\beta^* = x\alpha^* + x\sum_{i} G(i)e_i$。为了实现这一目标，云平台需要知道 x 的值。然而由 $\beta^* = (\alpha^*)^* \prod_{i} i^{xe_i} \bmod p$ 求解 x 是计算困难的 ECDLP 问题，因此云平台无法有效地求解 x。又因为 x 具有 λ 比特，所以云平台伪造完整性证据通过 TPA 验证的概率仅为 $1/2^{\lambda}$。当安全参数 λ 足够大时，可以得到 Pr[SG. Output = 1] → 0。

步骤 2：证明 ECDLP-TPSCS 方案能够确保用户正确恢复原始数据，如算法 4-3 所示。

算法 4-3　ECDLP-TPSCS 方案的数据恢复算法

输入： 云平台存储的外包数据(a_i，b_i)。

输出： 用户获得自身数据 d_i。

1：flag = 1

2：**while** flag do

3：用户通知 TPA 下载数据。

4：TPA 发送审计序列 $\sigma = \{i, 1\}$ 到云平台。

5：云平台返回数据完整性证据 $\Gamma = (\alpha, \beta)$。

6：**if** Γ 通过 TPA 的数据完整性验证

7：TPA 将 α 发送至用户。

8：用户通过求解 $G(d_i) = \alpha$ 得到 d_i。

9：flag = 0。

10：**end if**

11：**end while**

12：**Return**

由于在定理 4-4 的证明中，步骤 1 和步骤 2 都不包含任何随机预言假设，因此可以得出 ECDLP-SCS 方案在标准模型下是安全的。

3. 运行负载

ECDLP-SCS 的存储、通信和计算负载如表 4-1 所示。ECDLP-SCS 的存储和通信成本几乎与 DLP-SCS 相同，这是因为两者具有相似的数据外包和审计算法。但是，ECDLP-SCS 的计算成本要高于 DLP-SCS，这主要是因为 ECDLP-SCS 涉及 ECC 上的标量乘法，因此具有更高的复杂度 $O(\lambda^4)$。

4. 隐私性

定义 4-2 给出了支持第三方审计的安全外包云存储方案应该如何保障用户隐私性。下面将根据定义 4-2，从云平台和 TPA 两个方面来研究 ECDLP-

TPSCS 方案对用户隐私的保护。

云平台无法获取用户隐私。云平台无法从外包数据信息（a_i，b_i）中获取用户的原始数据，其中 $1 \leqslant i \leqslant m$。根据用户外包数据信息，用户可以获得 m 个方程组，如下所示：

$$\begin{cases} a_i = G(d_i) \\ b_i = x(G(i) + G(d_i)) \end{cases} \tag{4-7}$$

其中 $1 \leqslant i \leqslant m$。由于式(4-7) 存在三个未知变量 x、G 和 d_i，因此云平台无法从式(4-7) 中求取 d_i，即云平台无法获取用户的隐私数据。

TPA 无法获取用户隐私。TPA 无法从云平台完整性证据(α, β) 中获取原始数据。根据云平台返回的数据完整性证据，用户可以获得如下方程组：

$$\begin{cases} \alpha = \sum_i G(d_i)\, e_i \\ \beta = \sum_i x(G(i) + G(d_i))\, e_i \end{cases} \tag{4-8}$$

由于式(4-8) 中存在多个未知变量。为了减少待求解的未知变量数目，实现破解用户数据的难度降低。假定 TPA 只对某一个用户数据块 d_i 进行完整性审计，那么式(4-8) 可以被简化为：

$$\begin{cases} \alpha = G(d_i)\, e_i \\ \beta = x(G(i) + G(d_i))\, e_i \end{cases} \tag{4-9}$$

虽然此时式(4-9) 只有两个未知变量 r 和 d_i，但是仍然无法求解。因为将 $\alpha = (rd_i)^{e_i} \mod p$ 的等号两边同时加上 $xe_iG(i)$ 可以得到 $\beta = x(G(i) + G(d_i))e_i$，所以式(4-9) 实际上只有一个有效方程。根据以上分析，TPA 无法利用式(4-9) 求解用户数据块 d_i，即 TPA 无法获取用户的隐私数据。

综上所述，ECDLP-TPSCS 方案可以有效地保障用户的隐私不被云平台和 TPA 获取，即 $\Pr[PP.Output=1] \to 0$。

三、ECDLP-TPSCS 方案的数据动态更新功能扩展

在本小节中，我们将展示如何扩展 ECDLP-TPSCS 以支持数据动态功能。具体而言，可以使用算法 4-2 扩展 ECDLP-TPSCS 以支持用户数据的动态更新。在 ECDLP-SCS 方案数据动态更新功能的设计中，新插入数据块的标签变成了 $s = x(G(\text{latest\_block\_index}+1) + G(d_{\text{laest\_block\_indent}+1}))$，其余设计和 DLP-TPSCS 方

案的数据动态更新功能设计基本一致，本小结不再做详细的阐述。

第八节　H-SCS 方案的第三方审计功能扩展

第三章详细地阐述了如何基于同态加密算法设计安全外包云存储方案。为了扩展安全外包云存储方案的应用范围，本章着重介绍了支持第三方审计的安全外包云存储方案。本节将主要讨论如何扩展第三章的 H-SCS 方案支持第三方审计功能，简记为 H-TPSCS。

一、H-TPSCS 的方案设计

要验证外包存储数据的完整性，第三方审计器需要检查完整性验证等式 $\alpha=(\bigcap_i(F_{K_1}(i)\odot e_i)\circ \mathrm{Dec}(\beta))\mod n_1$ 是否成立。因此，用户需要与第三方审计器共享 $\mathrm{Dec}(\cdot)$ 的密钥。如此一来，第三方审计器可以使用云平台的完整性证据 β 来窃取用户隐私信息。例如，如果审计序列 σ 只针对第 i 个外包数据块，即 $\sigma=(i,\ e_i)$，那么第三方审计器接收到云平台的完整性证据将包含 $\beta=\mathrm{Enc}(d_i)\odot e_i\mod n_2$，可以利用 $\mathrm{Dec}(\cdot)$ 的密钥来重建用户的数据 d_i。这就意味着，第三方审计器通过这种方式可以窃取用户的所有数据块。为了应对这个安全挑战，用户需要对外包数据块进行随机掩码处理，具体如下：用户将外包数据块 $a_i=F_{K_1}(i)\circ d_i$ 修改为 $a_i=F_{K_1}(i)\circ r\circ d_i$，$b_i=\mathrm{Enc}(d_i)$ 修改为 $b_i=\mathrm{Enc}(r)\bullet \mathrm{Enc}(d_i)$，其中 $i=1,\ 2,\ \cdots,\ m$。云平台的完整性证据变为 $\Gamma'=(\alpha',\ \beta')$，其中 $\alpha'=\bigcap_i(F_{K_1}(i)\circ r\circ d_i)\odot e_i\mod n_1$ 和 $\beta'=\bigcup_i(\mathrm{Enc}(r)\bullet \mathrm{Enc}(d_i))\odot e_i\mod n_2$。此时，第三方审计器由于并不知道随机数 r 的值，因此将无法通过云平台的完整性证据来获取用户的数据信息。

另外，因为

$$
\begin{aligned}
\mathrm{Dec}(\beta') &= \mathrm{Dec}(\bigcup_i(\mathrm{Enc}(r)\bullet \mathrm{Enc}(d_i)\odot e_i)\mod n_2)\\
&= \mathrm{Dec}(\mathrm{Enc}(\bigcap_i(r\circ d_i)\odot e_i)\mod n_2)\\
&= \bigcap_i((r\circ d_i)\odot e_i)\mod n_1
\end{aligned}
$$

所以

$$
\alpha'=\bigcap_i((F_{K_1}(i)\circ d_i)\odot e_i)\bmod n_1
$$

$$=\bigcap_i (F_{K_1}(i) \odot e_i) \quad \mathrm{mod} n_1 \circ \bigcap_i (d_i \odot e_i) \quad \mathrm{mod} n_1$$

$$=\bigcap_i (F_{K_1}(i) \odot e_i) \circ \mathrm{Dec}(\beta) \quad \mathrm{mod} n$$

那么，第三方审计器可以通过判断等式 $\alpha' = (\bigcap_i (F_{K_1}(i) \odot e_i) \circ \mathrm{Dec}(\beta') \quad \mathrm{mod} n_1$ 是否成立来检查云存储数据的完整性。根据上述讨论，接下来将详细介绍基于同态加密算法所设计的支持第三方审计的安全外包云存储方案 H-TPSCS = (KeyGen, Outsource, Audit, ProveTP, VerifyTP)。

(1) $\mathrm{KeyGen}(1^\lambda) \to (\mathrm{SK}, \mathrm{PK})$：输入安全参数 λ，用户运行 HES. KeyGen 算法生成 $\mathrm{SK}_{\text{HES-Enc}}$、$\mathrm{SK}_{\text{HES-Dec}}$ 和 PK_{HES}。用户令 $\mathrm{Enc}(\cdot)$ 和 $\mathrm{Dec}(\cdot)$ 的最大输出值分别等于 n_1 和 n_2。用户随机地选取三个大整数 n、r 和 K_1。基于以上生成参数，用户得到密钥 $K = (\mathrm{SK}, \mathrm{PK})$，其中 $\mathrm{SK} = (\mathrm{SK}_{\text{HES-Enc}}, \mathrm{SK}_{\text{HES-Dec}}, n, r)$ 和 $\mathrm{PK} = (\mathrm{PK}_{\text{HES}} n_1, n_2)$。用户将 K_1 和 $\mathrm{SK}_{\text{HES-Dec}}$ 通过安全通信信道共享给 TPA。

(2) $\mathrm{Outsource}(D; K) \to D'$：用户将待外包存储数据 D 分割成 $(d_1, d_2, \cdots, d_m)$，其中 $d_i \in \mathbb{Z}_n^*$ 且 $\mathrm{Enc}(d_i) \neq 0$。用户计算 $a_i = F_{K_1}(i) \circ r \circ d_i \quad \mathrm{mod} n_1$ 和 $b_i = \mathrm{Enc}(r) \bullet \mathrm{Enc}(d_i)$，发送 (a_i, b_i) 至云平台进行存储，其中 $1 \leqslant i \leqslant m$。

(3) $\mathrm{Audit}(1^\lambda) \to \sigma$：用户根据实际应用场景，选择发起全部或者随机审计。具体实现过程和 H-SCS. Audit 子算法一致，因此这里省略。

(4) $\mathrm{ProveTP}(D', \sigma; \mathrm{PK}) \to \Gamma$：由于存在两种不同的用户审计方法，因此数据完整性证据生成算法也存在两种情况：

① 完全审计。利用 $\sigma = K_2$，云平台通过计算 $e_i = F_{K_2}(i)$ 生成审计序列 $(e_1, e_2, \cdots, e_m)$，$1 \leqslant i \leqslant m$。云平台计算 $\alpha = \bigcap_{i=1}^{m} ((F_{K_1}(i) \circ r \circ d_i) \odot e_i) \quad \mathrm{mod} n_1$ 和 $\beta = \bigcup_{i=1}^{m} (\mathrm{Enc}(r) \bullet \mathrm{Enc}(d_i) \odot e_i) \quad \mathrm{mod} n_2$，并将数据完整性证据 $\Gamma = (\alpha, \beta)$ 发送至用户。

② 随机审计。利用 $\sigma = K_2$，云平台通过计算 $e_{i_j} = F_{K_2}(i_j)$ 生成审计序列 $(e_{i_1}, e_{i_2}, \cdots, e_{i_L})$，$1 \leqslant j \leqslant L$。云平台计算 $\alpha = \bigcap_{j=1}^{L} ((F_{K_1}(i_j) \circ r \circ d_{i_j}) \odot e_{i_j}) \quad \mathrm{mod} n_1$ 和 $\beta = \bigcup_{j=1}^{L} (\mathrm{Enc}(r) \bullet \mathrm{Enc}(d_{i_j}) \odot e_{i_j}) \quad \mathrm{mod} n_2$，并将数据完整性证据 $\Gamma = (\alpha, \beta)$ 发送至用户。

(4) $\mathrm{VerifyTP}(\sigma, \Gamma; K) \to q$：用户验证等式 $\alpha = (\bigcap_i (F_{K_1}(i) \odot e_i) \circ$

$\mathrm{Dec}(\beta))\mod n_1$ 是否成立。如果等式成立，用户输出 $q=1$，表明外包存储数据依然完整；否则输出 $q=0$，表明外包存储数据存在丢失。

二、H-TPSCS 方案的性能分析

1. 正确性

如果云平台及其用户都严格遵循 H-TPSCS 协议，具有完整用户数据的云平台总是可以生成能够通过 TPA 验证的完整性证据，即云平台的完整性证据 (α, β) 满足等式 $\alpha = (\bigcap_i (F_{K_1}(i) \odot e_i) \circ \mathrm{Dec}(\beta)) \mod n_1$。

2. 安全性

下面将基于安全性定义 4-1 来证明 H-TPSCS 方案的安全性。先证明云平台无法伪造证据成功欺骗 TPA，即 $\Pr[\mathrm{SG.\ Output}=1] \to 0$。再证明即使云平台存在欺骗行为，用户也可以通过云平台的完整性证据来重建自身数据。

定理 4-4　如果同态加密函数是安全的，那么 H-TPSCS = (KeyGen, Outsource, Audit, ProveTP, VerifyTP) 是安全的。

证明　根据安全性定义 4-1，H-TPCS 方案的安全性证明同样分为两步。

步骤 1：证明 $\Pr[\mathrm{SG.\ Output}=1] \to 0$。为了通过 TPA 的完整性验证，云平台需要伪造完整性证据 $\Gamma^* = (\alpha^*, \beta^*)$ 满足 $\alpha^* = (\bigcap_i (F_{K_1}(i) \odot e_i) \circ \mathrm{Dec}(\beta^*)) \mod n_1$。为了实现这一目标，云平台需要知道 $\mathrm{SK}_{\text{HES-Dec}}$ 和 K_1 的值。根据用户外包存储数据，云平台无法有效地求解 $\mathrm{SK}_{\text{HES-Dec}}$ 和 K_1。又因为 $\mathrm{SK}_{\text{HES-Dec}}$ 和 K_1 具有 λ 比特，所以云平台伪造完整性证据通过 TPA 验证的概率仅为 $1/2^{\lambda}$。当安全参数 λ 足够大时，可以得出 $\Pr[\mathrm{SG.\ Output}=1] \to 0$。

步骤 2：证明 H-TPSCS 方案能够确保用户正确恢复原始数据。在 H-TPSCS 方案中，用户恢复自身数据的算法类似于算法 3-1，唯一的区别在于算法 3-1 的步骤 6 需要变为：用户求解 $\beta = (\mathrm{Enc}(r) \bullet \mathrm{Enc}(d_i) \odot e_i) \mod n_2$ 得到 $\mathrm{Enc}(d_i)$。

由于 H-TPSCS 方案的安全性证明过程中同样不包含随机预言假设，因此可以得到 H-TPSCS 方案在标准模型下是安全的。

3. 隐私性

根据隐私性定义4-2，下面将从云平台和TPA两个方面研究H-TPSCS方案对于用户隐私的保护。

云平台无法获取用户隐私。云平台无法从外包数据信息$(a_i,\ b_i)$中获取用户原始数据，其中$1 \leqslant i \leqslant m$。根据用户外包数据信息，用户可以获得$m$个方程组，如下所示：

$$\begin{cases} a_i = F_{K_1}(i) \circ r \circ d_i \bmod n_1 \\ b_i = \mathrm{Enc}(r) \bullet \mathrm{Enc}(d_i) \end{cases} \tag{4-10}$$

其中$1 \leqslant i \leqslant m$。由于式(4-10)存在多个未知变量$r$、$\mathrm{SK}_{\mathrm{HES\text{-}Dec}}$和$d_i$等，因此云平台无法从式(4-10)中求取$d_i$，即云平台无法获取用户的隐私数据。

TPA无法获取用户隐私。TPA无法从云平台完整性证据$(\alpha,\ \beta)$中获取原始数据。根据云平台返回的数据完整性证据，用户可以获得如下方程组：

$$\begin{cases} \alpha = \bigcap_i \left((F_{K_1}(i) \circ r \circ d_i) \odot e_i\right) \quad \bmod n_1 \\ \beta = \bigcup_i \left(\mathrm{Enc}(r) \bullet \mathrm{Enc}(d_i) \odot e_i\right) \quad \bmod n_2 \end{cases} \tag{4-11}$$

由于式(4-11)中存在多个未知变量。为了降低破解用户数据的难度，TPA很可能只对某一个用户云存储数据块d_i进行完整性审计，那么式(4-11)可以被简化为：

$$\begin{cases} \alpha = (F_{K_1}(i) \circ r \circ d_i) \odot e_i \quad \bmod n_1 \\ \beta = (\mathrm{Enc}(r) \bullet \mathrm{Enc}(d_i) \odot e_i) \quad \bmod n_2 \end{cases} \tag{4-12}$$

虽然此时式(4-12)只有两个未知变量r和d_i，但是仍然无法求解。因为将$\alpha = (F_{K_1}(i) \circ r \circ d_i) \odot e_i \quad \bmod n_1$的等号两边同时进行同态加密运算，结合同态加密的性质可以将其转化为$\beta = (\mathrm{Enc}(r) \bullet \mathrm{Enc}(d_i) \odot e_i) \quad \bmod n_2$，所以式(4-12)实际上只有一个有效方程。这也意味着，TPA无法利用式(4-12)求解用户数据块d_i，即TPA无法获取用户的隐私数据。

综上所述，H-TPSCS方案可以有效地保障用户的隐私不被云平台和TPA获取。

三、进一步讨论

H-TPSCS方案的成功设计代表了由同态加密算法转化为TPSCS方案的基

本方法。基于 H-TPSCS 方案，可以分别结合 RSA、Pallier 和 DGHV 等同态加密算法设计出支持第三方审计的安全外包云存储方案。具体设计过程和 RSA-SCS、Pallier-SCS 以及 DGHV-SCS 方案类似，这里就不再展开详细的阐述。

第九节　实验仿真

由于 DLP-TPSCS 方案的计算复杂度低，应用范围更加的广泛，因此本节针对提出的 DLP-TPSCS 方案进行了大量的实验仿真。实验仿真的主要工具是 ECLIPSE 2014。实验仿真的物理环境是：用三台电脑分别模拟用户、云平台和 TPA，配置为 4G Hz 的英特尔 i7-4790K CPU 和 32 GB 的 RAM。本章四个测试用例[142]分别是 ' * -image. sql. gz'、' * -pages-articles-multistream-index. txt. bz2'、' * -stub-meta-current. xml. gz' 和 ' * -pages-meta-current. xml. bz2'，其中 ' * ' 号表示 'simplewiki-latest'，它们的大小分别为 6. 69 KB、1. 96 MB、33. 4 MB 和 166 MB。为了方便描述，这四个文件分别记为 F_1、F_2、F_3 和 F_4。

随机审计序列的长度被设置为 10。接下来将从存储负载、通信负载和计算负载三个方面全面分析 DLP-TPSCS 方案的性能，并与已有的 TPSCS 方案进行详尽的对比。

一、存储负载

用户需要存储私钥 $SK=(r, x)$，公钥 $PK=p$；云平台需要存储公钥和外包数据信息；TPA 需要存储密钥 x 和审计序列信息 σ，实验结果如表 4-2 所示。可以看到：(1) 用户的存储负载并不随着实验数据集的变化而改变，这是因为 DLP-TPSCS 方案中 SK 和 PK 的大小不变；(2) 由于 JAVA 采用内部类 BigInteger 存储大整数对象，需要引入额外的存储负载，因此云平台存储负载是外包存储数据大小的 3 倍左右；(3) 在某种类型的审计机制下，TPA 的存储负载在不同的实验数据集下是不变的，这是因为 TPA 存储的密钥和审计序列在不同的实验数据集下具有相同的大小；(4) 在完全审计机制下 TPA 的存储负载要低于在随机审计机制下 TPA 的存储负载，因为前者审计序列信息仅仅包含大整数 K_1，而后者除了 K_1 之外还包含待审计数据块的索引。

表 4-2　　DLP-TPSCS 方案的存储负载

文件编号	文件大小	用户	云平台	TPA	
				全部审计	随机审计
F_1	6.69 KB	448 B	15.57 KB	360 B	416 B
F_2	1.96 MB	448 B	4.48 MB	360 B	416 B
F_3	33.4 MB	448 B	79.93 MB	360 B	416 B
F_4	166 MB	448 B	397.01 MB	360 B	416 B

二、通信负载

本小节介绍了 DLP-TPSCS 方案通信负载的实验结果，如表 4-3 所示。可以看到：(1)在相同的审计机制下，不同的实验数据集具有相同的通信负载，这是因为它们拥有相同大小的审计序列和云平台完整性证据；(2)完全审计的通信负载要小于随机审计的通信负载，这是因为完全审计具有较小规模的审计序列。

表 4-3　　DLP-TPSCS 方案的通信负载

文件编号	通信负载	
	全部审计	随机审计
F_1	352 B	408 B
F_2	352 B	408 B
F_3	352 B	408 B
F_4	352 B	408 B

三、计算负载

表 4-4 和表 4-5 分别展示了在完全和随机审计机制下 DLP-TPSCS 方案每个子算法的计算负载。DLP-TPSCS. KeyGen 子算法的计算负载很低，大约只有

50ms 左右。DLP-TPSCS. Outsource 子算法的计算负载随着外包数据量的增加而变大，由于需要遍历所有数据块计算外包数据信息，因此计算负载较大。在完全审计中，DLP-TPSCS. Audit 子算法的计算时间差别不大，主要用于生成随机大整数 K_1。在随机审计中，DLP-TPSCS. Audit 子算法的计算时间随着外包数据块数目的增加而增加，最大值为 0.037 毫秒。DLP-TPSCS. ProveTP 子算法在不同的审计机制下计算负载差别很大。对于完全审计，由于要遍历所有数据外包存储信息生成数据完整性证据，因此计算负载非常大；对于随机审计，仅需遍历 10 个外包存储数据块的信息生成数据完整性证据，因此计算负载较小，大约为 53ms 左右。DLP-TPSCS. VerifyTP 子算法在不同的审计机制下计算负载差别也很大，原因和 DLP-TPSCS. ProveTP 子算法类似。

表 4-4　　**DLP-TPSCS 方案在完全审计机制下计算负载**　　（单位：毫秒）

文件编号	KeyGen	Outsource	Audit	ProveTP	VerifyTP
F_1	52.3	101	0.023	231	146
F_2	51.19	28880	0.021	57777	28958
F_3	49.31	518581	0.023	1038610	519541
F_4	53.75	2584215	0.024	5177466	2592477

表 4-5　　**DLP-TPSCS 方案在随机审计机制下计算负载**　　（单位：毫秒）

文件编号	KeyGen	Outsource	Audit	ProveTP	VerifyTP
F_1	49.84	100	0.023	69.43	48.51
F_2	51.17	28896	0.027	69.91	54.01
F_3	54.47	519552	0.033	71.31	52.1
F_4	50.68	2513781	0.037	72.19	58.19

四、与现有方案的对比

本小节将详细比较了 DLP-TPSCS、Zhu 等人[48]、Yang 等人[50]和 Wang 等人[51]的方案的性能。为了方便起见，本小节选择随机审计机制对这四个 TPSCS 方案进行实验仿真。

图 4-3 至图 4-5 依次给出了不同 DLP-TPSCS 方案的用户、云平台和 TPA 的存储负载对比。其中，DLP-TPSCS 方案的用户存储负载最低，这主要是因为 DLP-TPSCS 方案的私钥和公钥所包含的数据量最少；DLP-TPSCS 方案的云平台存储负载最低，这是因为 DLP-TPSCS 方案具有最小规模的公钥和外包存储数据信息；DLP-TPSCS 方案的 TPA 存储负载最低，这是因为 DLP-TPSCS 方案的数据完整性审计序列具有较少的元素，并且只需要较少的密钥用于数据完整性验证。此外，所有 TPSCS 方案的用户存储负载和 TPA 存储负载都不会随着实验数据集的变化而变化，而云平台存储负载随着实验数据集的增加而变大，这主要是因为云平台存储信息包含数据块和数据标签，而用户和 TPA 只存储系统密钥和数据完整性审计参数等与实验数据集不相关的信息。

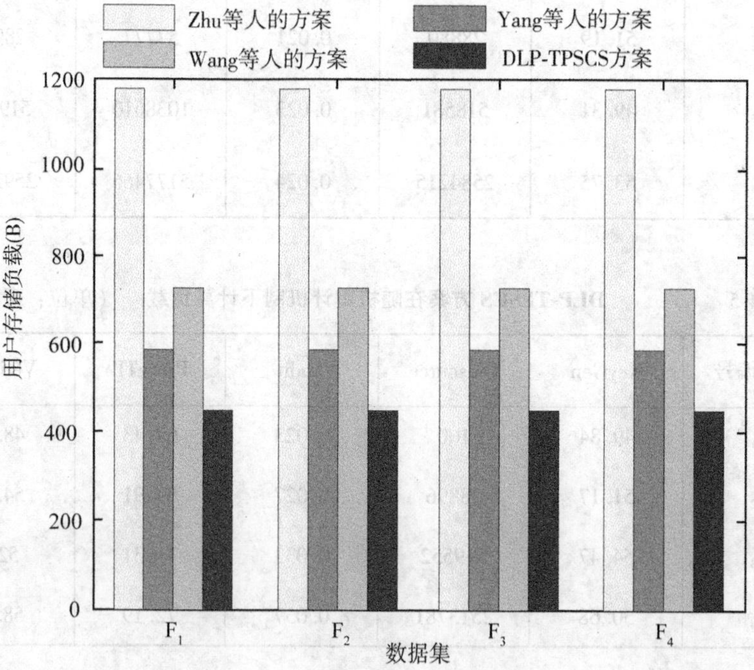

图 4-3　用户存储负载对比

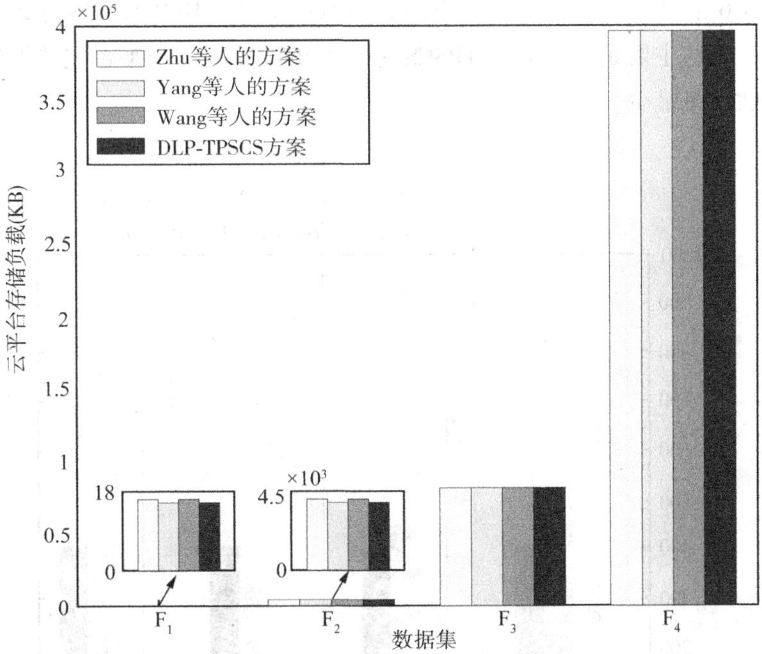

图 4-4　云平台存储负载对比

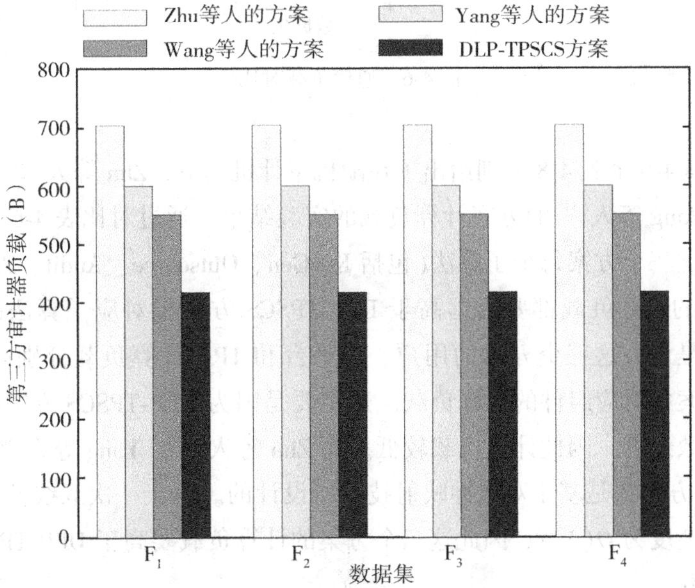

图 4-5　TPA 存储负载对比

图 4-6 给出了不同 TASCS 方案通信负载的对比。DLP-TPSCS 方案的通信负载最低，这主要是因为 DLP-TPSCS 方案的审计序列和云平台完整性证据所包含的数据量最少。

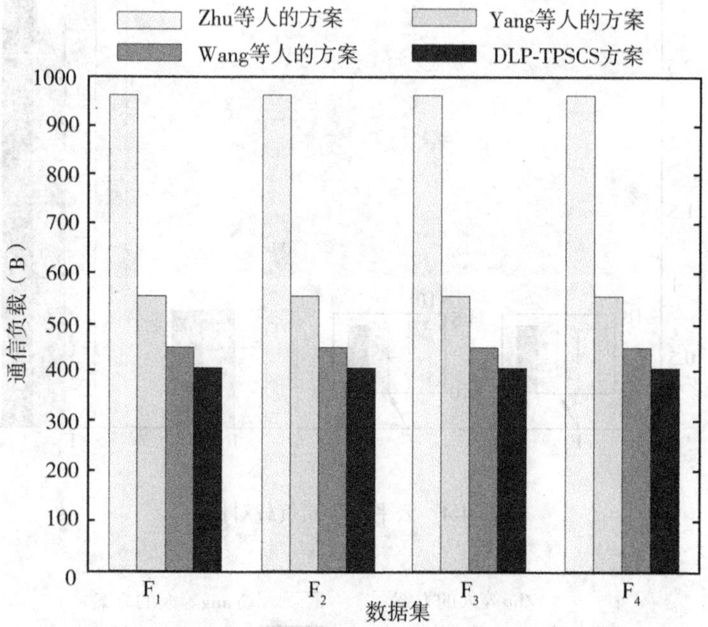

图 4-6　通信负载对比

(3)表 4-6 至表 4-8 分别给出了在随机审计机制下，Zhu 等人[48]、Yang 等人[50]和 Wang 等人[51]的方案计算负载的实验结果。通过对比表 4-6 至表 4-8，可以发现这三个方案每个子算法(包括 KeyGen、Outsource、Audit、ProveTP 和 VerfiyTP)的计算负载都要远远高于 DLP-TPSCS 方案相对应子算法的计算负载。也就是说，这三个方案的用户、云平台和 TPA 计算负载分别高于 DLP-TPSCS 方案相对应组件的计算负载。这主要是因为 DLP-TPSCS 方案仅仅包含基本的代数运算，因此计算负载较低。而 Zhu 等人[48]、Yang 等人[50]和 Wang 等人[51]的方案都是基于双线性映射技术所设计的。由于一次双线性配对运算的计算复杂度为 $O(\lambda^3)$，因此这三个方案的计算负载要高于 DLP-TPSCS 方案的计算负载。

表 4-6 **Zhu 等人的方案[48]在随机审计机制下计算负载(单位：毫秒)**

文件编号	KeyGen	Outsource	Audit	ProveTP	VerifyTP
F_1	322	10694	0.045	2173	899
F_2	331	3192264	0.047	2369	923
F_3	329	60692887	0.051	2492	946
F_4	319	274371797	0.054	2318	916

表 4-7 **Yang 等人的方案[50]在随机审计机制下计算负载(单位：毫秒)**

文件编号	KeyGen	Outsource	Audit	ProveTP	VerifyTP
F_1	281	6162	8.07	1435	786
F_2	281	1759532	8.19	1439	773
F_3	283	32891323	8.07	1432	790
F_4	272	155146627	8.19	1448	779

表 4-8 **Wang 等人的方案[51]在随机审计机制下计算负载(单位：毫秒)**

文件编号	KeyGen	Outsource	Audit	ProveTP	VerifyTP
F_1	322	6186	0.034	1196	801
F_2	331	1828846	0.036	1178	817
F_3	319	34409006	0.038	1201	806
F_4	323	155705657	0.041	1187	811

综上所述，从存储负载、通信负载和计算负载来看，DLP-TPSCS 方案相对于其他 TPSCS 方案都具有性能优势。

第十节 小 结

本章基于 DLP 提出了支持第三方审计的安全外包云存储方案，即 DLP-TPSCS。随后详细地证明 DLP-TPSCS 方案可以有效地防止用户隐私泄露至云平台和 TPA，并且在标准模型下是安全的。通过详细的理论分析，可以发现 DLP-TPSCS 方案由于仅仅涉及基本的代数运算，因此相对于其他的第三方数据完整性审计方案具有一定的性能优势。接下来介绍了如何通过一个向量扩展 DLP-TPSCS 方案支持数据动态更新功能，主要的思路是通过该向量维护数据块索引和标签索引的映射关系。然后提出由计算困难问题到第三方数据完整性审计方案的转换方法，即 G-TPSCS。为了说明 G-TPSCS 的实用性，以计算困难问题 ECDLP 为例，基于 G-TPSCS 设计了新的 TPSCS 方案，即 ECDLP-TPSCS。随后，扩展第三章的 H-SCS 方案支持第三方数据审计功能，得到 H-TPSCS 方案。最后，通过大量的实验仿真对 DLP-TPSCS 方案进行评估。实验结果表明，DLP-TPSCS 方案比现有的 TPSCS 方案所需要的存储负载、通信负载和计算负载都少，因此具有更加广泛的应用场景。

第五章　利用 RLWE 问题设计基于用户身份的安全外包云存储方案

基于用户身份的安全外包云存储方案(Identity-based Secure Cloud Storage, IDSCS)是指密钥生成中心基于用户的身份来统一地管理和分发用户的私钥，避免公钥基础设施通过证书颁布来绑定用户的私钥和公钥，使得任意拥有用户身份的第三方都可以完成对用户云存储数据的完整性审计，实现系统审计效率的提高。此外，为了有效地应对量子计算机多带来的安全挑战，本章选用能够抗量子计算攻击的格密码原语 RLWE 来设计基于用户身份的安全外包云存储方案。

本章通过三种不同的途径来实现了如何利用 RLWE 问题设计基于用户身份的安全外包云存储方案。第一节介绍了基于用户身份的安全外包云存储方案的基础知识。第二节介绍了如何利用基于 LWE 的 IDSCS 方案设计基于 RLWE 的 IDSCS 方案，并给出了详细的安全性分析。第三节介绍了如何利用基于 RLWE 的 TPSCS 方案设计基于 RLWE 的 IDSCS 方案，并同样给出了详尽的安全性分析。第四节由已提出的两个基于 RLWE 的 IDSCS 方案，归纳总结出由 RLWE 问题到基于用户身份的安全外包云存储方案的转换方法，并进行了相应的安全性分析。第五节根据第四节所设计的转换方法，提出了新的基于 RLWE 的 IDSCS 方案，极大地降低了方案的复杂度。第六节通过理论分析和实验仿真对所提出的方案进行了性能评估。第七对本章进行了小结。

第一节　基础知识

本节首先介绍基于用户身份的安全外包云存储方案的系统模型和面临的安全挑战，然后提出了方案的设计目标和设计框架，接下来设计了相应的安全模型，最后介绍了相关的数学背景。

一、系统模型和安全挑战

本小节描述了基于用户身份的安全外包云存储方案的系统模型，如图 5-1 所示。在该方案中，存在四个参与方：云存储用户、云平台、TPA 和 KGC，它们的功能分别为：(1)云存储用户有大量的数据需要存储，但是本地资源有限，因此他们将自身的数据外包存储在云平台；(2)云平台拥有大量的存储资源，为用户数据的实际存储者；(3)TPA 通常是指专业、中立和客观的数据完整性审计器，将会不定期的展开云存储数据的完整性审计；(4)KGC 为上述三个安全外包云存储系统参与方，生成并发布相应的系统密钥。

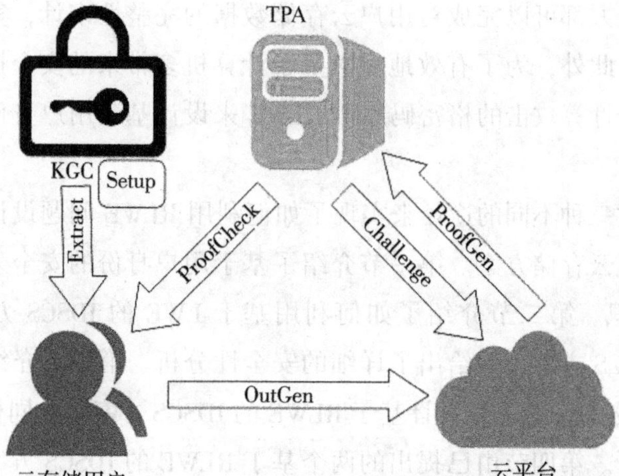

图 5-1　基于用户身份的安全外包云存储方案

基于用户身份的安全外包云存储系统的安全挑战和支持第三方审计的安全外包云存储方案的安全挑战基本一致，都来自云平台和 TPA 的恶意攻击。对于云平台来说，在丢失云存储数据时，有可能为了自身的利益，而去伪造数据以期望通过 TPA 的数据完整性审计。云平台也有可能会尝试破译用户的隐私数据，以及提供虚假的数据供用户下载。对于 TPA 来说，有可能为了经济利益，而去尝试破译被审计用户的隐私数据。此外，随着量子计算时代的来临，传统的经典的密码原语往往不能有效地应对量子计算攻击，由此也将带来新的安全挑战[139]。

二、设计目标和系统框架

为了有效地应对云存储系统在量子计算时代所面临的安全威胁，基于用户身份的安全外包云存储方案应该满足以下四个设计目标：

(1)正确性。如果云平台未丢失用户数据，那么云平台生成的数据完整性证据可以通过 TPA 的数据完整性验证。

(2)隐私性。即使云平台和 TPA 具有量子计算能力，也无法未经授权地获取用户的隐私信息。

(3)安全性。在丢失云存储数据时，即使云平台具有量子计算能力，也无法通过发起恶意攻击来通过 TPA 的完整性验证。

(4)高效性。云存储用户、云平台、TPA 和 KGC 的存储、计算和通信负载都应该尽可能的低。

基于用户身份的安全外包云存储方案通常包括六个部分：IDSCS=(Setup, Extract, KeyGen, Outsource, Audit, ProveID, VerifyID)，具体描述如下所示：

(1) $\text{KeyGen}(1^{\lambda})\to K$：输入安全参数 λ，KGC 运行此算法生成主密钥 MSK 和公钥 PK。

(2) $\text{Extract}(\text{MSK}, \text{ID}; \text{PK})\to \text{SK}_{\text{ID}}$：输入系统的主密钥 MSK 和用户身份 ID，KGC 运行此算法生成相应用户的私钥 SK_{ID}。

(3) $\text{Outsource}(\text{D}_{\text{ID}}; \text{SK}_{\text{ID}}, \text{PK})\to \text{O}_{\text{ID}}$：输入用户身份 ID 及其数据 D_{ID}，用户运行此算法，输出外包数据 O_{ID}，包括用户身份 ID，数据块 D_{ID} 及其标签 T_{ID}。

(4) $\text{Audit}(1^{\lambda})\to\sigma$：输入安全参数 λ，TPA 运行此算法生成审计序列 σ。

(5) $\text{ProveID}(\sigma, \text{ID}, O_{\text{ID}}; \text{PK})\to\Gamma$：输入审计序列 σ、用户身份 ID 及其外包数据 O_{ID}，云平台运行此算法生成数据完整性证据 Γ。

(6) $\text{VerifyID}(\sigma, \Gamma; \text{SK}_{\text{ID}}, \text{PK})\to q$：给定序列 σ 和数据完整性证据 Γ，TPA 输出完整性验证结果 q，指示云存储数据是否依然完整。如果通过验证，则 TPA 输出 $q=1$；否则 TPA 输出 $q=0$。

三、安全模型

本小节详细地描述了基于用户身份的安全外包云存储方案的安全模型。

前文指出基于用户身份的安全外包云存储方案所面临的安全挑战主要来自数据完整性审计的安全性以及用户隐私性的保障。为了描述这两类攻击者的攻击行为，现分别引入如下两个实验模型。

1. 数据完整性审计的安全性

引入实验 SG 来描述云平台对用户和 TPA 的欺骗行为。在 SG 中挑战者表现为用户和 TPA，攻击者表现为云平台。定义 SG 的框架如下所示：

(1) Setup(λ)→(MSK，PK)：挑战者通过调用 IDSCS. Setup 算法来计算系统的主密钥 MSK 和公钥 PK。挑战者将 PK 传递给攻击者。

(2) TagQuery(ID，D_{ID})→T_{ID}：攻击者可以向挑战者查询任何用户数据的标签信息。假设攻击者查询用户 U_{ID} 的数据 D_{ID} 的标签 T_{ID}。挑战者通过调用 IDSCS. Extract 和 IDSCS. Outsource 算法来计算 D_{ID} 的数据标签 T_{ID}，并将 T_{ID} 反馈给攻击者。

(3) ProofGen(D_{ID}，T_{ID}；PK)→(σ，Γ)：在接收到挑战者反馈的数据标签 T_{ID} 后，攻击者首先计算审计序列 σ，然后发起恶意攻击来伪造数据完整性证据 Γ，最后将审计序列和伪造的数据完整性证据发送至挑战者。

(4) Output(σ，Γ；SK_{ID}，PK)→ζ：在接收到攻击者的审计序列 σ 和伪造证据 Γ 后，挑战者调用 IDSCS. VerifyID 算法输出布尔值 ζ。如果 $\zeta=1$，那么认为挑战者挑战失败；否则认为挑战者挑战成功。

那么，如果 Pr[SG. Output = 1] = negl(λ)，则认为 IDSCS 方案可以有效地应对云平台的恶意攻击，其中 negl(·) 表示一个无限小的数。也就是说，丢失数据的云平台很难通过 TPA 的数据完整性验证。另外，为了避免云平台提供伪造数据给用户下载，云存储用户需要能够基于合法的数据完整性证据恢复出自身数据。基于上述讨论，可以得到 IDSCS 方案的安全性定义，如下所示：

定义 5-1 为了保障安全性，基于用户身份的安全外包云存储方案 IDSCS = (Setup，Extract，KeyGen，Outsource，Audit，ProveID，VerifyID) 应该满足 Pr[SG. Output = 1] = negl(λ)，并且云存储用户能够通过完整性证据恢复自身数据。

2. 用户隐私性的保障

引入实验 PP 来描述云平台和 TPA 对用户隐私数据的窃取行为。在 PP 中，挑战者表现为用户，而攻击者表现为云平台和 TPA。定义 PP 的框架如下所示：

(1) Setup(λ)→(MSK, PK)：该算法与 SG. Setup 相同，因此这里省略。

(2) DataGen(ID)→O_{ID}：攻击者可以查询任何用户数据的外包数据。假设攻击者查询用户 U_{ID} 的外包数据 O_{ID}。挑战者首先随机生成用户 U_{ID} 的原始数据 D_{ID}，然后通过调用 IDSCS. Extract 和 IDSCS. Outsource 算法来计算原始数据 D_{ID} 的外包数据 O_{ID}，并将 O_{ID} 反馈至攻击者。

(3) ProofQuery(O_{ID}; PK)→(σ, Γ)：攻击者可以查询任何用户数据的数据完整性证据。假设攻击者查询用户 U_{ID} 的数据完整性证据 Γ。挑战者通过调用 IDSCS. ProveID 算法来计算数据完整性证据 Γ，并将 Γ 传递给攻击者。

(4) Recover(Γ; PK)→D'_{ID}：在接收到数据整性证据 Γ 后，攻击者利用 Γ 和 O_{ID} 来重建用户数据 D'_{ID}，然后将其发送至挑战者。

(5) Output(D'_{ID}, D)→ζ：在接收到攻击者重建的用户数据 D'_{ID} 后，挑战者将 D'_{ID} 与原始数据 D_{ID} 进行比较。如果 $D'_{\text{ID}}=D_{\text{ID}}$，则挑战者输出 $\zeta=1$；否则输出 $\zeta=1$。

那么，如果 Pr[PP. Output = 1] = negl(λ)，则认为 IDSCS 方案可以有效地防止用户隐私泄露至 TPA 和云平台。基于上述讨论，可以得到 IDSCS 方案的隐私性定义，如下所示：

定义 5-2 为了保障用户的隐私性，基于用户身份的安全外包云存储方案 IDSCS = (Setup, Extract, KeyGen, Outsource, Audit, ProveID, VerifyID) 应该满足 Pr[PP. Output = 1] = negl(λ)。

四、数学背景

在本章中，向量和矩阵用粗体符号描述。令 $\mathbb{Z}_q$ 表示集合 $\{0, 1, \cdots, q\}$，$\mathbb{Z}_q^{n\times m}$ 表示一组 $n\times m$ 矩阵的集合，矩阵元素取自于 $\mathbb{Z}_q$。令 $x\leftarrow_U y$ 表示 $x\in y$ 并且服从均匀分布，$\boldsymbol{x}\cdot\boldsymbol{y}$ 表示将向量 $\boldsymbol{x}$ 和 $\boldsymbol{y}$ 中的元素按位相乘。令 T_{ID} 表示基于索引 ID 的随机置换函数，即：

$$\mathcal{T}_{\mathrm{ID}}=\begin{pmatrix}1 & 2 & \cdots & n\\ p_1 & p_2 & \cdots & p_n\end{pmatrix} \tag{5-1}$$

其中 $H(\mathrm{ID})=(p_1, p_2, \cdots, p_n)\in\mathbb{Z}_n^{1\times n}$，$H(\cdot)$ 是一个安全的哈希散列函数。

令 $\mathcal{R}=\mathbb{Z}[x]/(x^n+1)$ 表示整数环，$\mathcal{R}_q=\mathcal{R}/q\mathcal{R}$ 表示将 $\mathcal{R}$ 的元素模 q 而生成的整数环。令 $\mathcal{R}_q^{m\times n}$ 表示 $m\times n$ 矩阵的集合，矩阵的元素取自于 $\mathcal{R}_q$。令 Λ 表示格，$\boldsymbol{x}\leftarrow D_{\Lambda, c, \sigma}$ 表示 $\boldsymbol{x}\in\Lambda$ 并且服从期望为 c 和方差 σ 的离散高斯分布。如果没有特别指定，则认为 $c=0$ 且 $\sigma=1$。

第二节　利用基于 LWE 的 IDSCS 方案设计基于 RLWE 的 IDSCS 方案

目前，Liu 等人[72]已经设计了基于 LWE 的 IDSCS 方案，记为 LWE-IDSCS。然而，相对于 RLWE，LWE-IDSCS 方案设计所依赖的 LWE 需要占用更多的存储、通信和计算负载。因此，为了提高性能，本节详细介绍了如何利用已有的 LWE-IDSCS 方案设计基于 RLWE 的 IDSCS 方案。为了区分本章所设计的其他 RLWE-IDSCS 方案，将本节所设计方案记为 RLWE-IDSCS-1 = (Setup, Extract, KeyGen, Outsource, Audit, ProveID, VerifyID)。本节首先回顾了 Liu 等人所设计的基于 LWE 的 IDSCS 方案，然后详细设计了 RLWE-IDSCS-1 方案的每个子算法，最后给出了详尽的性能分析。

一、LWE-IDSCS 方案的回顾

LWE-IDSCS 方案的系统框架如下所示：

(1) Setup$(\lambda)\rightarrow$(MSK, PK)：给定安全参数 λ，KGC 首先确定三个整数 m、n 和 q，其中 $q\geqslant \mathrm{poly}(n)\omega(\log n)$ 是素数，$m\geqslant 2n\log q$。KGC 运行 LWETrapGen(n, m, q) 生成格基 $\boldsymbol{A}\in\mathbb{Z}_q^{n\times m}$ 及其陷门 $\boldsymbol{T}_A\in\mathbb{Z}_q^{m\times m}$。KGC 生成四个哈希散列函数：$H$：$\{0, 1\}^*\rightarrow\mathbb{Z}_q^{m\times m}$，$H_1$：$\{0, 1\}^*\rightarrow\mathbb{Z}_q^n$，$H_2$：$\mathbb{Z}_q^n\rightarrow\mathbb{Z}_q$，$H_3$：$\mathbb{Z}_q^{n\times m}\times\{0, 1\}^*\rightarrow\mathbb{Z}_q^n$。此外，云平台利用 LWETrapGen$(n, m, q)$ 生成格基 $\boldsymbol{C}\in\mathbb{Z}_q^{n\times m}$ 及其陷门 $\boldsymbol{T}_C^{m\times m}$。最后得到：公钥 PK = $(\boldsymbol{A}, \boldsymbol{C}, H, H_1, H_2, H_3, m, n, q)$，主密钥是 MSK = $\boldsymbol{T}_A$。

(2) Extract(MSK, ID; PK) $\rightarrow$ $\mathrm{SK_{ID}}$：给定主密钥 MSK 和用户身份 ID，

KGC 随机生成一个可逆矩阵 $\boldsymbol{R}=H(\mathrm{ID})\in\mathbb{Z}_q^{m\times m}$。KGC 调用 LWEBasisDel($\boldsymbol{A}$, $\boldsymbol{R}$, $\boldsymbol{T}_A$, s) 计算格基 $\boldsymbol{B}=\boldsymbol{A}\boldsymbol{R}^{-1}$ 及其陷门 $\boldsymbol{T}_{\mathrm{ID}}$，其中 s 是高斯采样参数。最后得到用户 U_{ID} 的私钥是 $\mathrm{SK}_{\mathrm{ID}}=T_{\mathrm{ID}}$。KGC 将 $\mathrm{SK}_{\mathrm{ID}}$ 发送至用户 U_{ID}。

(3) Outsource(D_{ID}; $\mathrm{SK}_{\mathrm{ID}}$, PK) $\rightarrow \mathrm{O}_{\mathrm{ID}}$：给定用户数据 D_{ID}，用户 U_{ID} 首先将其数据 D_{ID} 分割成 $\mathrm{D}_{\mathrm{ID}}=(\boldsymbol{d}_1,\ \boldsymbol{d}_2,\ \cdots,\ \boldsymbol{d}_L)$，其中 $\boldsymbol{d}_i\in\mathbb{Z}_q^m$，$L$ 是总的数据块数目。用户计算 $\boldsymbol{R}=H(\mathrm{ID})$ 和 $\boldsymbol{B}=\boldsymbol{A}\boldsymbol{R}^{-1}$。用户计算 $S=(\alpha_1,\ \alpha_2,\ \cdots,\ \alpha_n)$ 和 $\boldsymbol{h}_i=S\beta_i$，其中 $\alpha_j=H_3(\boldsymbol{B}\,||\,j)\in\mathbb{Z}_q^m$，$\beta_i=H_1(i)+\boldsymbol{C}\boldsymbol{d}_i$，$1\leqslant i\leqslant L$ 和 $1\leqslant j\leqslant n$。用户计算 $\boldsymbol{d}_i$ 的数据标签为 $\boldsymbol{t}_i=\mathrm{LWESamplePre}(\boldsymbol{B},\ \boldsymbol{T}_{\mathrm{ID}},\ \boldsymbol{h}_i,\ \sigma)$。最后，用户 U_{ID} 可以获得其外包数据 $O_{\mathrm{ID}}=(\boldsymbol{d}_1,\ \boldsymbol{d}_2,\ \cdots,\ \boldsymbol{d}_L;\ \boldsymbol{t}_1,\ \boldsymbol{t}_2,\ \cdots,\ \boldsymbol{t}_L;\ \mathrm{ID})$。

(4) Audit(λ, ID) $\rightarrow \sigma$：TPA 发起数据完整性审计，随机生成 $(i_1,\ i_2,\ \cdots,\ i_\eta)$ 和大整数 κ，组成数据完整性审计序列 $\sigma=[(i_1,\ i_2,\ \cdots,\ i_\eta),\ \kappa,\ \mathrm{ID}]$，并将 σ 至云平台。

(5) ProveID(σ, O_{ID}; PK) $\rightarrow \Gamma$：在接收到数据完整性审计序列 σ 后，云平台开始计算 $\boldsymbol{\mu}=\sum_{j=1}^{\eta}c_{i_j}\boldsymbol{d}_{i_j}+\xi H_2(\boldsymbol{w})$ 和 $\boldsymbol{\nu}=\sum_{j=1}^{\eta}c_{i_j}\boldsymbol{t}_{i_j}$，其中 $e_{i_j}=H_\kappa(i_j)$，$\boldsymbol{w}\in\mathbb{Z}_q^n$ 是随机向量，$\xi=\mathrm{LWESamplePre}(\boldsymbol{C},\ \boldsymbol{T}_C,\ \boldsymbol{w},\ \sigma)$。云平台获得数据完整性证据为 $\Gamma=(\boldsymbol{\mu},\ \boldsymbol{\nu},\ \boldsymbol{w},\ \mathrm{ID})$。

(6) VerifyID(σ, Γ; $\mathrm{SK}_{\mathrm{ID}}$, PK) $\rightarrow \zeta$：在接收到数据完整性证据 Γ 后，TPA 计算 $\boldsymbol{R}=H(\mathrm{ID})$ 和 $\boldsymbol{B}=\boldsymbol{A}\boldsymbol{R}^{-1}$。TPA 计算 $S=(\alpha_1,\ \alpha_2,\ \cdots,\ \alpha_n)$，其中 $\alpha_j=H_3(\boldsymbol{B}\,||\,j)$。TPA 计算 $\mu'=S(\sum_{j=1}^{\eta}e_{i_j}H_1(i)+\boldsymbol{C}\boldsymbol{\mu}-\boldsymbol{w}H_2(\boldsymbol{w}))$。最后，TPA 验证 $\boldsymbol{B}\boldsymbol{\nu}=\boldsymbol{\mu}'$ 是否成立。如果等式成立，TPA 认为云存储数据依然完整，输出 $\zeta=1$；否则，TPA 判定云存储数据出现丢失，输出 $\zeta=0$。

二、基于 LWE-IDSCS 方案所设计的 RLWE-IDSCS 方案

本小节将从安全性和运行效率的角度改进上述 LWE-IDSCS 方案。从安全角度来看，尽管 Liu 等人[72] 给出了 LWE-IDSCS 方案的安全性证明，但是 LWE-IDSCS 方案仍然存在安全风险。因为没有 $\boldsymbol{T}_A$ 的云存储用户几乎不可能从数据完整性证据中恢复出原始数据，所以 LWE-IDSCS 方案无法满足 IDSCS 方案的定义 5-1 的安全性要求。为解决这个安全性问题，云平台需要将其本地参数 $\boldsymbol{T}_C$ 发布给其服务用户。从效率的角度来看，LWE-IDSCS 方案涉及大量的矩

阵操作，导致其运行负载较高。为了解决这个性能问题，本小节将使用 RLWE 替代 LWE 来设计 IDSCS 方案，由于 RLWE 只涉及向量操作，因此所设计的 IDSCS 方案运行负载较低。

接下来将详细介绍如何基于 RLWE 设计 IDSCS 方案的系统参数。KGC 根据 RLWETrapGen 算法计算 $\boldsymbol{T}_A=(v,\ \rho)$ 作为主密钥，其中 $v\leftarrow D_{\mathcal{R}_q^k,\ \sigma}$，$\rho\leftarrow D_{\mathcal{R}_q^k,\ \sigma}$。KGC 确定向量 $g=(2^0,\ 2^1,\ \cdots,\ 2^{k-1})$ 作为系统参数。KGC 利用随机置换函数 $\mathcal{T}_{\mathrm{ID}}(\cdot)$ 来计算用户 U_{ID} 的私钥为 $\mathrm{SK}_{\mathrm{ID}}=(v_{\mathrm{ID}},\ \rho_{\mathrm{ID}})=(\mathcal{T}_{\mathrm{ID}}(v),\ \mathcal{T}_{\mathrm{ID}}(\rho))$，其中 $\mathcal{T}_{\mathrm{ID}}(\cdot)$ 由式(5-1)结合哈希散列函数 H：$\{0,\ 1\}^*\rightarrow\mathcal{R}_n^{1\times n}$ 所生成。最后得到系统参数为：系统公钥 $\mathrm{PK}=(k,\ q,\ g)$，用户私钥 $\mathrm{SK}_{\mathrm{ID}}=\boldsymbol{T}_{\mathrm{ID}}=(v_{\mathrm{ID}},\ \rho_{\mathrm{ID}})$，主密钥 $\mathrm{MSK}=(\boldsymbol{T}_A,\ H)$。

基于上述讨论，设计 RLWE-IDSCS-1 方案的系统框架如下所示。

(1) $\mathrm{Setup}(\lambda)\rightarrow(\mathrm{MSK},\ \mathrm{PK})$：给定安全参数 λ，KGC 确定两个整数 k 和 q。KGC 计算 $\boldsymbol{T}_A=(v,\ \rho)$，其中 $v\leftarrow D_{\mathcal{R}_q^k,\ \sigma}$ 和 $\rho\leftarrow D_{\mathcal{R}_q^k,\ \sigma}$。KGC 生成哈希散列函数为 H：$\{0,\ 1\}^*\rightarrow\mathbb{Z}_n^{1\times n}$。此外，云平台利用 $\mathrm{RLWETrapGen}(n,\ q)$ 生成向量 $C\in\mathcal{R}_q^{1\times n}$ 及其陷门 $\boldsymbol{T}_C$。由此得到：公钥 $\mathrm{PK}=(\boldsymbol{C},\ \boldsymbol{T}_C,\ k,\ q,\ g)$，主密钥 $\mathrm{MSK}=(\boldsymbol{T}_A,\ H)$。

(2) $\mathrm{Extract}(\mathrm{MSK},\ \mathrm{ID};\ \mathrm{PK})\rightarrow\mathrm{SK}_{\mathrm{ID}}$：给定主密钥 MSK 和用户身份 ID，KGC 利用式(5-1)，结合哈希散列函数 H 生成随机置换函数 $\mathcal{T}_{\mathrm{ID}}(\cdot)$。KGC 计算用户密钥为 $\mathrm{SK}_{\mathrm{ID}}=\boldsymbol{T}_{\mathrm{ID}}=(v_{\mathrm{ID}},\ \rho_{\mathrm{ID}})=(\mathcal{T}_{\mathrm{ID}}(v),\ \mathcal{T}_{\mathrm{ID}}(\rho))$，并将其被发送到用户 U_{ID}。

(3) $\mathrm{Outsource}(D_{\mathrm{ID}};\ \mathrm{SK}_{\mathrm{ID}},\ \mathrm{PK})\rightarrow O_{\mathrm{ID}}$：给定用户数据 D_{ID}，用户 U_{ID} 首先将其数据 D_{ID} 分割成 $D_{\mathrm{ID}}=(\boldsymbol{d}_1,\ \boldsymbol{d}_2,\ \cdots,\ \boldsymbol{d}_L)$，其中 $\boldsymbol{d}_i\in\mathbb{Z}_q^m$，$L$ 是总的数据块数目。用户利用随机掩码技术计算 $\boldsymbol{a}_i=\boldsymbol{r}_i\boldsymbol{d}_i$，其中 $r_i=H_1(i)$，H_1：$\{0,\ 1\}^*\rightarrow\mathcal{R}_q$ 为哈希散列函数。为了保护数据隐私，H_1 被保存在本地。用户随机生成 $a_{\mathrm{ID}}\in\mathcal{R}_q$，然后计算 $\boldsymbol{B}=(a_{\mathrm{ID}},\ 1,\ g_1-(a_{\mathrm{ID}}\rho_{1_{\mathrm{ID}}}+v_{1_{\mathrm{ID}}}),\ \cdots,\ g_k-(a_{\mathrm{ID}}\rho_{k_{\mathrm{ID}}}+v_{k_{\mathrm{ID}}}))$。用户计算 $h_i=H_2(i)+C\boldsymbol{d}'_i$，其中 H_2：$\{0,\ 1\}^*\rightarrow\mathcal{R}_q$，$1\leqslant i\leqslant L$。用户计算 $\boldsymbol{a}_i=\boldsymbol{r}_i\boldsymbol{d}_i$ 的标签为 $\boldsymbol{b}_i=\mathrm{RLWESamplePre}(\boldsymbol{B},\ \boldsymbol{T}_{\mathrm{ID}},\ h_i,\ s)$，其中 s 是高斯采样参数。为了使得 TPA 能够实现数据完整性验证，$\boldsymbol{B}$ 和 H_2 需要发布到 TPA。最后，用户 U_{ID} 得到其外包数据 $\boldsymbol{O}_{\mathrm{ID}}=(\boldsymbol{a}_1,\ \boldsymbol{a}_2,\ \cdots,\ \boldsymbol{a}_L;\ \boldsymbol{b}_1,\ \boldsymbol{b}_2,\ \cdots,\ \boldsymbol{b}_L;\ \mathrm{ID})$ 及其本地秘密值 H_1，并且通过安全传输通道将 $\boldsymbol{B}$ 和 H_2 发送至 TPA。

(4) Audit(λ, ID) $\rightarrow \sigma$：该算法与 LWE-IDSCS-1. Audit 相同，因此在此省略。

(5) ProveID(σ, O_{ID}; PK) $\rightarrow \Gamma$：在接收到审计序列 σ 后，云平台计算 $\mu = \sum_{j=1}^{\eta} c_{i_j} \boldsymbol{a}_{i_j} + \xi$ 和 $\boldsymbol{\nu} = \sum_{j=1}^{\eta} c_{i_j} \boldsymbol{b}_{i_j}$，其中 $c_{i_j} = H_\kappa(i_j)$，ξ = RLWESamplePre($\boldsymbol{C}$, $\boldsymbol{T}_C$, w, s)，$w \leftarrow_U \mathcal{R}_q$。最后，云平台获得数据完整性证据 $\Gamma = (\boldsymbol{\mu}, \boldsymbol{\nu}, w, \mathrm{ID})$。

(6) VerifyID(σ, Γ; $\mathrm{SK_{ID}}$, PK) $\rightarrow \zeta$：在接收到云平台完整性证据 Γ 之后，TPA 首先计算 $\mu' = \sum_{j=1}^{\eta} c_{i_j} H_2(i_j) + \boldsymbol{C}\boldsymbol{\mu} - w$，然后检查 $\boldsymbol{B}\boldsymbol{\nu} = \mu'$ 是否成立。如果成立，TPA 输出 $\zeta = 1$；否则，TPA 输出 $\zeta = 0$。

三、RLWE-IDSCS-1 方案的性能分析

本小节从正确性、安全性和隐私性的角度分析了 RLWE-IDSCS-1 的性能。

1. 正确性

数据完整性验证等式的正确性如下所示：

$$\boldsymbol{B}\boldsymbol{\nu} = \boldsymbol{B}\sum_{j=1}^{\eta} c_{i_j} \boldsymbol{t}_{i_j} = \sum_{j=1}^{\eta} c_{i_j} h_{i_j} = \sum_{j=1}^{\eta} c_{i_j} (H_2(i_j) + \boldsymbol{C}\,\boldsymbol{a}_{i_j})$$

$$= \sum_{j=1}^{\eta} c_{i_j} H_2(i_j) + \boldsymbol{C}(\boldsymbol{\mu} - \xi) = \boldsymbol{\mu}'$$

由此可以看出：数据完整的云平台总是可以通过 TPA 的完整性验证；数据丢失的云平台则无法通过验证。因此，RLWE-IDSCS-1 方案是正确的。

2. 安全性

定义 5-1 给出了基于用户身份的安全外包云存储方案的安全性定义。因此，RLWE-IDSCS-1 方案的安全性证明包括两个步骤。首先是证明 Pr [SG. Output = 1] = negl(λ)；再是证明用户可以通过完整性证据恢复出自身数据。

定理 5-1　如果 RLWE 是计算困难的问题，那么 RLWE-IDSCS-1 = (Setup, Extract, KeyGen, Outsource, Audit, ProveID, VerifyID) 是安全的。

步骤 1：证明 Pr[SG. Output=1]=negl(λ)。一方面，云平台可以在基于数据完整性验证等式生成如下方程组：

$$\boldsymbol{B\nu}_i=c_iH_2(i)+\boldsymbol{C\mu}_i-w_i \tag{5-2}$$

其中 $i=1, 2, \cdots, L$。为了伪造有效的数据完整性证据，云平台需要知道 $H_2(1), H_2(2), \cdots, H_2(L)$ 和 $\boldsymbol{B}$ 等 $L+1$ 个未知变量的大小。然而，式(5-2)仅仅只有 L 个方程，因此云平台无法通过式(5-2)求解出 $H_2(i)(1\leqslant i\leqslant L)$ 和 $\boldsymbol{B}$ 的值。此外，由于其他的数据完整性验证等式可以视为式(5-2)的线性组合，因此云平台也无法利用其他的数据完整性验证等式求解出 $H_2(i)(1\leqslant i\leqslant L)$ 和 $\boldsymbol{B}$ 的值。

另一方面，$H_2(i)(1\leqslant i\leqslant L)$ 和 $\boldsymbol{B}$ 的值也很难从用户数据标签中求解，因为其计算困难性可以规约为求解 RLWE 问题。很明显，如果没有这些未知变量，云平台将很难伪造有效的数据完整性证据。又由于这些未知变量都是 λ 位，因此云平台成功地欺骗 TPA 的概率是 negl(λ)，即 Pr[SG. Output=1]=negl(λ)。

步骤 2：接下来证明 RLWE-IDSCS-1 方案能够使得用户可以正确恢复原始数据。假设用户 U_{ID} 针对任意数据块 $\boldsymbol{d}_i$ 发起完整性审计请求。如果 $\Gamma=(\mu_i, \nu_i, w_i, \mathrm{ID})$ 能够通过 TPA 的数据完整性验证，那么 U_{ID} 将可以从 $\boldsymbol{\mu}_i=c_i\boldsymbol{a}_i+\xi_i$ 中求解出 $\boldsymbol{a}_i$，其中 $\xi_i=\mathrm{RLWESamplePre}(\boldsymbol{C}, \boldsymbol{T}_C, w_i, s)$。随后，$U_{\mathrm{ID}}$ 可以从 $\boldsymbol{a}_i=r_i\,\boldsymbol{d}_i$ 中恢复出原始数据 $\boldsymbol{d}_i$，其中 $r_i=H_1(i)$。因此，用户可以从完整性证据中恢复其原始数据。

3. 隐私性

根据隐私性定义 5-2，本小节将从云平台和 TPA 两个方面研究 RLWE-IDSCS-1 方案对用户隐私的保护。

云平台无法获取用户隐私。云平台无法从外包数据信息($\boldsymbol{a}_i$, $\boldsymbol{b}_i$)中获取用户原始数据，其中 $1\leqslant i\leqslant L$。根据用户外包数据信息，用户可以获得 L 个方程组，如下所示：

$$\begin{cases}\boldsymbol{a}_i=r_i\,\boldsymbol{d}_i\\ \boldsymbol{b}_i=\mathrm{RLWE\ SamplePre}\ (B, T_{\mathrm{ID}}, h_i, s)\end{cases} \tag{5-3}$$

其中 $1\leqslant i\leqslant L$。由于式(5-3)存在多个未知变量 $\boldsymbol{B}$、h_i 和 r_i 等，因此云平台无法

从式(5-3)中求取 d_i，即云平台无法获取用户原始数据。

5. TPA 无法获取用户隐私

TPA 无法从云平台完整性证据($\boldsymbol{\mu}$, $\boldsymbol{\nu}$)中获取原始数据。根据云平台返回的数据完整性证据，TPA 可以获得如下所示的方程组：

$$\begin{cases}\boldsymbol{\mu}_i = c_i\boldsymbol{a}_i + \xi_i = c_i r_i \boldsymbol{d}_i + \xi_i \\ \boldsymbol{\nu}_i = c_i \boldsymbol{b}_i\end{cases} \tag{5-4}$$

其中 $i=1, 2, \cdots, L$。式(5-4)中存在 $2L$ 个未知变量，即 $\boldsymbol{d}_1$, $\boldsymbol{d}_2$, $\cdots$, $\boldsymbol{d}_L$ 和 r_1, r_2, $\cdots$, r_L。但是，因为式(5-4)中的两个方程实际上是同一个方程，所以 TPA 很难从式(5-4)中破译出用户的原始数据块。另外，由于其他数据完整性证据所组成的方程可以视为式(5-4)的线性组合，因此 TPA 也无法利用其他的数据完整性证据求解出用户的数据块。

综上所述，RLWE-IDSCS-1 方案可以有效地保障用户的隐私不被云平台和 TPA 获取，即 Pr[PP. Output = 1]→0。

第三节 利用基于 RLWE 的 SCS 方案设计基于 RLWE 的 IDSCS 方案

目前，Yang 等人[143]已经设计了基于 RLWE 的 TPSCS 方案，记为 RLWE-TPSCS。本节详细介绍了如何利用已有的 RLWE-TPSCS 方案设计基于 RLWE 的 IDSCS 方案，记为 RLWE-IDSCS-2。这两个方案的关键区别在于用户的密钥是否由 KGC 进行管理。本节首先回顾了 Yang 等人所设计的基于 RLWE 的 TPSCS 方案，然后详细设计了 RLWE-IDSCS-2 方案的每个子算法，最后给出了详尽的性能分析。

一、RLWE-TPSCS 方案的回顾

RLWE-TPSCS 方案的系统框架如下所示：

(1) KeyGen(λ)→(SK, PK)：给定安全参数 λ，用户确定两个整数 n 和 q，并且 $\boldsymbol{r} \in \mathcal{R}_q^n$，其中 $n>2$ 表示整数环的维度。用户运行 RLWETrapGen(k, q)算法生成向量 $\boldsymbol{A} \in \mathbb{Z}_q^{1\times n}$ 及其陷门 $\boldsymbol{T}_A$，其中 $k=n-2$。接着用户生成哈希散列函

数 H: $\{0, 1\}^* \to \mathbb{Z}_q$。最后得到：系统的公钥 PK=$(n, q)$，私钥是 SK=$\boldsymbol{T}_A$。另外，用户分别将 $\boldsymbol{A}$ 和$(\boldsymbol{r}, H)$通过安全通信信道发送到云平台和 TPA。

(2) Outsource(D; $\mathrm{SK_{ID}}$, PK)$\to D'$：给定用户数据 D，用户首先将其数据 D 分割成 $D=(\boldsymbol{d}_1, \boldsymbol{d}_2, \cdots, \boldsymbol{d}_L)$，其中$\boldsymbol{d}_i \in \mathbb{Z}_q^m$，$L$ 是总的数据块数目。用户生成$\boldsymbol{d}_i$ 的标签为$\boldsymbol{t}_i=\boldsymbol{d}_i \cdot \boldsymbol{r}+\boldsymbol{e}_i$，其中$\boldsymbol{e}_i$=RLWESamplePre($\boldsymbol{A}$, $\boldsymbol{T}_A$, $H(i)$, s)。最后，用户得到其外包数据 $D'=(\boldsymbol{d}_1, \boldsymbol{d}_2, \cdots, \boldsymbol{d}_L; \boldsymbol{t}_1, \boldsymbol{t}_2, \cdots, \boldsymbol{t}_L$; ID)。

(3) Audit(λ, ID)$\to \sigma$：TPA 发起数据完整性审计，随机生成$(i_1, i_2, \cdots, i_\eta)$和大整数 κ，组成数据完整性审计序列 $\boldsymbol{\sigma}=[(i_1, i_2, \cdots, i_\eta), \kappa$, ID]，并将 $\boldsymbol{\sigma}$ 发送至云平台。

(4) ProveTP(σ, D'; PK)$\to \Gamma$：一旦接收到挑战序列 σ，云平台开始计算$\boldsymbol{\mu}=\sum_{j=1}^{\eta} c_{i_j}(\boldsymbol{A}\cdot \boldsymbol{d}_{i_j}^T)$ 和$\nu=\sum_{j=1}^{\eta} c_{i_j}(\boldsymbol{A}\boldsymbol{t}_{i_j})$，其中 $c_{i_j}=H_\kappa(i_j)$。云平台生成数据完整性证据为 $\Gamma=(\boldsymbol{\mu}, \nu)$。

(5) VerifyTP(σ, Γ; SK, PK)$\to \zeta$：在接收到云平台的数据完整性证据 Γ 之后，TPA 验证等式 $\nu=\boldsymbol{\mu}\boldsymbol{r}+\sum_{j=1}^{\eta} c_{i_j}H(i_j)$ 是否成立。如果成立，TPA 输出 $\zeta=1$；否则，TPA 输出 $\zeta=0$。

二、基于 RLWE-TPSCS 方案所设计的 RLWE-IDSCS 方案

本小节将扩展上述的 RLWE-TPSCS 方案，以支持基于用户身份的安全外包云存储。其中的关键思想在于利用 RLWE-IDSCS-1. Extract 来分发不同云存储用户的私钥。RLWE-TPSCS-2 方案的系统框架如下所示。

(1) Setup(λ)$\to$(MSK, PK)：给定安全参数 λ，KGC 选定两个整数 k 和 q。KGC 计算$\boldsymbol{T}_A=(v, \rho)$，其中 $v \leftarrow D_{\mathcal{R}_q^k, \sigma}$ 和$\rho \leftarrow D_{\mathcal{R}_q^k, \sigma}$。KGC 生成哈希散列函数 H: $\{0, 1\}^* \to \mathbb{Z}_n^{1\times n}$。由此可以得到：公钥 PK $=(k, q, g)$，主密钥 MSK $=(\boldsymbol{T}_A, H)$。

(2) Extract(MSK, ID; PK)$\to \mathrm{SK_{ID}}$：此算法与 RLWE-TPSCS-2. Extract 相同，此处省略。

(3) Outsource(D_{ID}; $\mathrm{SK_{ID}}$, PK)$\to O_{\mathrm{ID}}$：给定用户数据 D_{ID}，用户 U_{ID} 将其数据 D_{ID} 分成 L 个数据块，记为 $\boldsymbol{D}=(\boldsymbol{d}_1, \boldsymbol{d}_2, \cdots, \boldsymbol{d}_L)$。用户利用随机掩码技术计算 $\boldsymbol{a}_i=\boldsymbol{r}_i\boldsymbol{d}_i$，其中 $r_i=H_1(i)$，H_1: $\{0, 1\}^* \to \mathcal{R}_q$ 为哈希散列函数。为了

保护数据隐私，H_1 被保存在用户本地。用户随机生成 $a_{\mathrm{ID}} \in \mathcal{R}_q$，然后计算 $\boldsymbol{B} = (a_{\mathrm{ID}}, 1, g_1 - (a_{\mathrm{ID}}\rho_{1_{\mathrm{ID}}} + v_{1_{\mathrm{ID}}}), \cdots, g_k - (a_{\mathrm{ID}}\rho_{k_{\mathrm{ID}}} + v_{k_{\mathrm{ID}}}))$。接下来，用户计算 $\boldsymbol{a}_i$ 的标签为 $\boldsymbol{b}_i = \boldsymbol{a}_i \cdot \boldsymbol{w} + \boldsymbol{e}_i$，其中 $\boldsymbol{w} \in \mathcal{R}_q^n$，$\boldsymbol{e}_i$ = RLWESamplePre($\boldsymbol{B}$, $\boldsymbol{T}_{\mathrm{ID}}$, $H_2(i)$, s)，s 是高斯采样参数，H_2：$\{0, 1\}^* \rightarrow \mathcal{R}_q$。为了使得 TPA 能够实现数据完整性验证，$\boldsymbol{w}$ 和 H_2 需要发布到 TPA。最后，用户 U_{ID} 得到其外包数据 $O_{\mathrm{ID}} = (\boldsymbol{a}_1, \boldsymbol{a}_2, \cdots, \boldsymbol{a}_L; \boldsymbol{b}_1, \boldsymbol{b}_2, \cdots, \boldsymbol{b}_L$; ID) 及其本地秘密值 H_1 及公开参数 $\boldsymbol{B}$，并且通过安全传输通道将 $\boldsymbol{w}$ 和 H_2 发送至 TPA。

(4) Audit(λ, ID) $\rightarrow \sigma$：该算法与 RLWE-IDSCS-1. Audit 相同，因此这里省略。

(5) ProveID(σ, O_{ID}; PK) $\rightarrow \Gamma$：在接收到挑战序列 σ 后，云平台开始计算 $\boldsymbol{\mu} = \sum_{j=1}^{\eta} c_{i_j}(\boldsymbol{B} \cdot \boldsymbol{a}_{i_j}^T)$ 和 $\nu = \sum_{j=1}^{\eta} c_{i_j}(\boldsymbol{B}\boldsymbol{t}_{i_j})$，并将 $\Gamma = (\boldsymbol{\mu}, \nu$, ID) 作为数据完整性证据，发送至 TPA。

(5) VerifyID(σ, Γ; $\mathrm{SK_{ID}}$, PK) $\rightarrow \zeta$：在接收到云平台的完整性证据 Γ 之后，TPA 验证等式 $\nu = \boldsymbol{\mu}\boldsymbol{w} + \sum_{j=1}^{\eta} c_{i_j} H_2(i_j)$ 是否成立。如果成立，TPA 输出 $\zeta = 1$；否则，TPA 输出 $\zeta = 0$。

三、RLWE-IDSCS-2 方案的性能分析

本小节从正确性、安全性和隐私性的角度分析了 RLWE-IDSCS-2 方案的性能。

1. 正确性

数据完整性验证等式的正确性如下所示：

$$\nu = \sum_{j=1}^{\eta} c_{i_j}(\boldsymbol{B}\boldsymbol{a}_{i_j}) = \sum_{j=1}^{\eta} c_{i_j}(\boldsymbol{B}(\boldsymbol{d}_i \cdot \boldsymbol{r} + \boldsymbol{e}_i)) = \sum_{j=1}^{\eta} c_{i_j}(\boldsymbol{B} \cdot \boldsymbol{d}_{i_j}^T)\boldsymbol{w} + \sum_{j=1}^{\eta} c_{i_j} H_2(i_j)$$

$$= \boldsymbol{\mu}\boldsymbol{w} + \sum_{j=1}^{\eta} c_{i_j} H_2(i_j)$$

由此可以看出：数据完整的云平台总是可以通过 TPA 的完整性验证；数据丢失的云平台则无法通过验证。因此，RLWE-IDSCS-2 方案是正确的。

2. 安全性

定义 5-1 给出了 IDSCS 方案的安全性定义。因此，RLWE-IDSCS-2 方案的安全性证明同样包括两个步骤。先是证明 Pr[SG. Output = 1] = negl(λ)；再是证明用户可以通过完整性证据恢复自身的数据。

定理 5-2 如果 RLWE 是计算困难的问题，那么 RLWE-IDSCS-2 = (Setup, Extract, KeyGen, Outsource, Audit, ProveID, VerifyID)是安全的。

步骤 1：证明 Pr[SG. Output = 1] = negl(λ)。一方面，云平台可以在本地生成数据完整性验证方程组：

$$\boldsymbol{\nu}_i = \boldsymbol{\mu}_i \boldsymbol{w} + c_i H_2(i) \tag{5-5}$$

其中 $i = 1, 2, \cdots, L$。为了伪造有效的数据完整性证据，云平台需要知道 $H_2(1), H_2(2), \cdots, H_2(L)$ 和 w 等 $L+1$ 个未知变量的大小。然而式(5-5)仅仅只有 L 个方程，因此云平台无法通过式(5-5)求解出 $H_2(i)$ $(1 \leqslant i \leqslant L)$ 和 $\boldsymbol{w}$ 的值。又由于其他的数据完整性验证方程可以视为式(5-5)的线性组合，因此云平台同样无法求解 $H_2(i)$ $(1 \leqslant i \leqslant L)$ 和 $\boldsymbol{w}$ 的值。另一方面，$H_2(i)$ $(1 \leqslant i \leqslant L)$ 和 $\boldsymbol{w}$ 的值也难以从数据标签中求解，因为这是一个 RLWE 问题。没有这些未知变量，云平台很难伪造有效的数据完整性证据。另外，由于这些未知变量都是 λ 位，因此云平台成功地欺骗 TPA 的概率是 negl(λ)，即 Pr[SG. Output = 1] = negl(λ)。

步骤 2：证明 RLWE-IDSCS-2 方案能够使得用户可以正确恢复原始数据。假设用户 U_{ID} 针对任意数据块 $\boldsymbol{d}_i$ 发起完整性审计请求。如果 $\Gamma = (\boldsymbol{\mu}_i, \nu_i, \mathrm{ID})$ 通过 TPA 的数据完整性验证，那么 U_{ID} 将可以从 $\boldsymbol{\mu}_i = e_i \boldsymbol{B} \cdot \boldsymbol{a}_i^T$ 求解出 $\boldsymbol{a}_i$。随后，U_{ID} 可以从 $\boldsymbol{a}_i = r_i \boldsymbol{d}_i$ 中恢复其原始数据 $\boldsymbol{d}_i$，其中 $r_i = H_1(i)$。因此，可以得到用户可以从数据完整性证据中恢复其原始数据。

3. 隐私性

根据隐私性定义 5-2，本小节同样将从云平台和 TPA 两个方面研究 RLWE-IDSCS-2 方案对用户隐私的保护。

云平台无法获取用户隐私。云平台无法从外包数据信息($\boldsymbol{a}_i$, $\boldsymbol{b}_i$)中获取用户原始数据，其中 $1 \leqslant i \leqslant L$。根据用户外包数据信息，用户可以获得 L 个方程组，如下所示：

$$\begin{cases}\boldsymbol{a}_i=\boldsymbol{r}_i\boldsymbol{d}_i\\ \boldsymbol{b}_i=\boldsymbol{a}_i\cdot\boldsymbol{w}+\boldsymbol{e}_i\end{cases}\tag{5-6}$$

其中 $1\leqslant i\leqslant L$。由于式(5-6)存在多个未知变量 $\boldsymbol{w}$、$\boldsymbol{e}_i$ 和 r_i 等，因此云平台无法从式(5-6)中求取用户的原始数据 d_i。

TPA 无法获取用户隐私。TPA 无法从云平台完整性证据($\boldsymbol{\mu}$, ν)中获取原始数据。基于云平台的数据完整性证据，TPA 可以生成 L 个方程组，如下所示：

$$\begin{cases}\boldsymbol{\mu}_i=c_i(\boldsymbol{B}\cdot\boldsymbol{a}_i^T)=c_i(\boldsymbol{B}\cdot r_i\boldsymbol{d}_i^T)\\ v_i=c_i(\boldsymbol{B}t_i)\end{cases}\tag{5-7}$$

其中 $i=1, 2, \cdots, L$。式(5-7)中存在 $2L$ 个未知变量，即 $\boldsymbol{d}_1, \boldsymbol{d}_2, \cdots, \boldsymbol{d}_L$ 和 $r_1, r_2, \cdots, r_L$。然而，式(5-7)中的两个方程实际上是同一个方程，因此 TPA 很难通过式(5-7)中窃取用户数据。另外，由于其他数据完整性证据所组成的方程可以视为式(5-7)的线性组合，因此 TPA 同样无法求解出用户的数据块。

综上所述，RLWE-IDSCS-2 方案可以有效地保障用户的隐私不被云平台和 TPA 获取，即 Pr[PP. Output=1]→0。

第四节　基于用户身份的安全外包云存储方案的通用设计框架

本节主要介绍了如何构建基于用户身份的安全外包云存储方案的通用设计框架，记为 G-IDSCS =（Setup, Extract, Outsource, Audit, ProveID, VerifyID）。

一、设计思路

G-IDSCS 方案设计的四个关键点，如下所示：

(1)用户密钥分发。KGC 基于用户的身份来生成和分发所有云存储用户的密钥。

(2)安全性保障。面对恶意的云平台，TPA 也能够正确地审计用户数据的完整性。为满足此要求，云存储用户 U_{ID} 需要计算外包数据的数据标签。以任

意数据块 d_i 为例，它的标签计算为 $t_i=f(d_i,\ i,\ \vartheta,\ \theta;\ \mathrm{PK},\ \mathrm{SK_{ID}})$，其中 i 是数据块索引，ϑ 表示对云平台保密的变量，θ 表示用户的公开参数。此外，云平台的完整性证据 Γ 应满足 $g(\Gamma,\ \vartheta;\ \mathrm{PK})=0$。注意：①为了区分具有相同大小的不同数据块，需要将数据索引嵌入数据标签中；②如果云平台没有 $\mathrm{SK_{ID}}$ 仍然可以伪造出有效的数据标签，那么需要在数据标签计算中引入变量 ϑ，否则不需要引入 ϑ；③如果云平台没有 θ 仍然可以生成有效的数据完整性证据，那么就不需要在数据标签计算中引入变量 θ，否则就需要引入 θ；④$f(\cdot)$ 和 $g(\cdot)$ 的选择由以下原则决定：云平台从这两个函数中求解未知参数是计算困难问题。通过这种设计方式，使得云平台几乎无法伪造有效的完整性证据来欺骗其用户。

(3)用户的隐私保障。用户数据需要对 TPA 和云平台隐藏。为此，对于任何用户 U_{ID}，外包存储数据应该包含云平台和 TPA 未知的参数，使得用户数据难以重建。为了实现这一目的，通常采用随机掩码技术。具体而言，用户 U_{ID} 的外包数据变为 $(a_i,\ b_i)$，其中 $a_i=r_id_i=H_1(i)d_i$ 和 $b_i=f(a_i,\ i,\ \vartheta;\ \mathrm{PK},\ \mathrm{SK_{ID}})$，其中 H_1 仅仅保存在 U_{ID} 本地。注意，由 $(a_i,\ b_i)$ 生成的完整性证据 Γ 仍然满足 $g(\Gamma,\ \vartheta;\ \mathrm{PK})=0$。

(4)用户数据重建。云存储用户需要能够从有效的完整性证据中恢复出自己的原始数据。为此，用户应该存储对云平台和 TPA 隐藏的参数。

二、G-IDSCS 方案的系统框架

根据上一小节所述的设计原理，G-IDSCS 方案的系统框架如下所示：

(1) $\mathrm{Setup}(\lambda)\rightarrow(\mathrm{MSK},\ \mathrm{PK})$：给定安全参数 λ，KGC 输出主密钥 MSK 和公钥 PK。

(2) $\mathrm{Extract}(\mathrm{MSK},\ \mathrm{ID};\ \mathrm{PK})\rightarrow \mathrm{SK_{ID}}$：给定主密钥 MSK，KGC 利用用户身份 ID 来生成用户 U_{ID} 的私钥 $\mathrm{SK_{ID}}$。

(3) $\mathrm{Outsource}(D_{\mathrm{ID}};\ \mathrm{SK_{ID}},\ \mathrm{PK})\rightarrow O_{\mathrm{ID}}$：给定用户数据 D_{ID}，用户 U_{ID} 将其数据 D_{ID} 分割成 $(d_1,\ d_2,\ \cdots,\ d_L)$。对于任何 d_i，U_{ID} 通过计算 $a_i=r_id_i$ 来掩藏其数据，然后将数据标签计算为 $b_i=f(a_i,\ i,\ \vartheta;\ \mathrm{SK_{ID}},\ \mathrm{PK})$，其中 $r_i=H_1(i)$。最后，U_{ID} 得到外包数据 $O_{\mathrm{ID}}=(a_1,\ a_2,\ \cdots,\ a_L;\ b_1,\ b_2,\ \cdots,\ b_L;\ \mathrm{ID})$，秘密值 H_1 及相应的公开参数。如果变量 ϑ 是必要的，U_{ID} 将通过安全通道将其发

送到 TPA。

(4) Audit(λ, ID)$\to\sigma$：给定安全参数 λ 和用户身份 ID，TPA 输出完整性审计序列 σ。

(5) ProveID(σ, O_{ID}; PK)$\to\Gamma$：给定审计序列 σ，被审计用户的身份 ID 和外包数据 O_{ID}，云平台计算满足 $g(\Gamma, \vartheta; PK)=0$ 的完整性证据 Γ。

(6) VerfiyID(σ, Γ; SK_{ID}, PK)$\to\zeta$：给定审计序列 σ 和数据完整性证据 Γ，TPA 通过验证等式 $g(\Gamma, \vartheta, \theta; PK)=0$ 是否成立来判断云存储数据的完整性。

注意：(1) G-IDSCS 方案可以采用常见的技术来扩展支持数据动态功能，比如：第三章和第四章所描述的支持数据动态更新算法；(2) G-IDSCS 方案同样支持两种审计方式：完全审计和随机审计。为了突出研究重点，本章不再没有针对这两点再展开详细的描述。

三、G-IDSCS 方案的性能分析

本小节从正确性、安全性和隐私性的角度分析了 G-IDSCS 方案的性能。

1. 正确性

通过选择合适的 $f(\cdot)$ 和 $g(\cdot)$ 可以使得数据完整的云平台总是可以通过 TPA 的完整性验证，而数据丢失的云平台则无法通过验证。

2. 安全性

定义 5-1 给出了 IDSCS 方案的安全性定义。因此，G-IDSCS 方案的安全性证明同样包括两个步骤。先是证明 $\Pr[SG.Output=1]=negl(\lambda)$；再是证明用户可以通过完整性证据恢复自身的数据。

定理 5-3　G-IDSCS = (Setup, Extract, KeyGen, Outsource, Audit, ProveID, VerifyID) 是安全的。

步骤 1：证明 $\Pr[SG.Output=1]=negl(\lambda)$。从最简单的审计情况开始分析，假设审计序列为 $\sigma=\{i, \kappa, ID\}$（即：TPA 只审计单个用户数据块），相应的云平台完整性证据为 Γ_i。那么，云平台可以获得如下的完整性验证方程组：

$$g(\Gamma_i, \vartheta, \theta; \mathrm{SK_{ID}}, \mathrm{PK}) = 0$$

其中$i=1, 2, \cdots, L$。如果ϑ和$\mathrm{SK_{ID}}$中未知变量的个数大于1，则云平台无法通过式(5-8) 求解出未知参数。注意，如果云平台通过式(5-8) 求解 $\mathrm{SK_{ID}}$ 可以规约为计算困难问题，那么ϑ可以省略。在审计多个用户数据块时，相应的完整性验证方程可以视为式(5-8) 的线性组合，因此云平台依然无法求解 $\mathrm{SK_{ID}}$ 等未知变量。由此可以得出：通过合理地设计 ϑ 和 $\mathrm{SK_{ID}}$，云平台很难伪造有效的证据来成功地欺骗 TPA，即 $\Pr[\mathrm{SG.\ Output} = 1] = \mathrm{negl}(\lambda)$。

步骤 2：证明 G-IDSCS 方案使得用户可以正确恢复原始数据。对于任何用户 U_{ID}，其云平台的完整性证据Γ通常由两个元素μ_{ID}和ν_{ID}组成，它们分别基于用户U_{ID}的外包数据块及其标签计算生成。由于μ_{ID}中的用户数据被r掩蔽，因此具有r的U_{ID}可以从μ_{ID}重建其数据。这就意味着，G-IDSCS 方案使得用户可以从数据完整性证据中恢复出原始数据。

3. 隐私性

根据隐私性定义 5-2，本小节同样将从云平台和 TPA 两个方面研究 G-IDSCS 方案对用户隐私的保护。

云平台无法获取用户隐私。云平台无法从外包数据信息(a_i, b_i)中获取用户原始数据，其中$1 \leqslant i \leqslant L$。由于云平台无法通过外包存储数据$a_i$和$b_i$求解$H_1$、$\mathrm{SK_{ID}}$和$\vartheta$等未知变量，因此云平台无法窃取用户的原始数据。

TPA 无法获取用户隐私。依然从简单的审计单个数据块 d_i 的情况开始分析，假设审计序列为$\sigma = \{i, \kappa, \mathrm{ID}\}$，云平台的完整性证据为$\Gamma_i = (\mu_{\mathrm{ID}_i}, \nu_{\mathrm{ID}_i})$。一方面，由于$\mu_{\mathrm{ID}_i}$中的用户数据被$r$掩盖，因此没有$r_i$的 TPA 很难从$\mu_{\mathrm{ID}_i}$重建用户数据$d_i$。另一方面，没有$\mathrm{SK_{ID}}$的 TPA 也很难从$\nu_{\mathrm{ID}_i}$恢复用户数据$d_i$。对于审计多个数据块的情况，因为其完整性证据$\mu_{\mathrm{ID}}$和$\nu_{\mathrm{ID}}$可以分别视为$\mu_{\mathrm{ID}_i}$和$\nu_{\mathrm{ID}_i}$的线性组合，所以 TPA 依然难以从完整性证据中重建出用户数据。由此可以得出 TPA 无法获取用户隐私。

综上所述，G-IDSCS 方案可以有效地保障用户的隐私不被云平台和 TPA 获取，即 $\Pr[\mathrm{PP.\ Output} = 1] \to 0$。

第五节　G-IDSCS 方案的实例化

在 RLWE-IDSCS-1 方案和 RLWE-IDSCS -2 方案中，云平台数据完整性证

据由 $n \times 1$ 的向量组成，这将导致较高的通信和计算负载。为了解决这个问题，本节通过实例化G-IDSCS方案设计了一种新型的RLWE-IDSCS方案，记为RLWE-IDSCS-3。首先引入一个定理，如下所示：

定理 5-4　如果 $\mu = \sum_i c_i(\boldsymbol{B}\boldsymbol{a}_i)$ 和 $\nu = \sum_i c_i(\boldsymbol{B}\boldsymbol{b}_i)$，那么

$$\nu = \mu w + \sum_i c_i H_2(i) \tag{5-9}$$

其中 c_i 是随机整数，$\boldsymbol{a}_i \in \mathcal{R}_q^n$，$w \in \mathcal{R}_q$，$\boldsymbol{b}_i = w\boldsymbol{a}_i + \boldsymbol{e}_i$。由于 $\boldsymbol{e}_i =$ RLWESampePre$(\boldsymbol{B}, \boldsymbol{T}_{\mathrm{ID}}, H_2(i), s)$，因此有 $\boldsymbol{B}\boldsymbol{e}_i = H_2(i)$。

证明：将 $\boldsymbol{b}_i = w\boldsymbol{a}_i + \boldsymbol{e}_i$ 代入 $\nu = \sum_i c_i(\boldsymbol{B}\boldsymbol{b}_i)$，可以得到：

$$\nu = \mu w + \sum_i c_i H_2(i) = \sum_i c_i \boldsymbol{B}(w\boldsymbol{a}_i + \boldsymbol{e}_i) = \sum_i c_i((\boldsymbol{B}\boldsymbol{a}_i)w + H_2(i))$$

证明完成。

下面依据定理5-4，对G-IDSCS方案进行抽象参数的实例化：令 $f(\cdot) = w\boldsymbol{a}_i + \boldsymbol{e}_i$，系统公钥 $\mathrm{PK} = (n, q)$，$\mathrm{SK}_{\mathrm{ID}} = \boldsymbol{T}_{\mathrm{ID}}$，$\vartheta = (w, H_2)$，$g(\cdot) = \nu - \sum_i c_i(\boldsymbol{B}\boldsymbol{t}_i)$，用户秘密值 H_1 和公开参数 $\theta = \boldsymbol{B}$。对于用户 U_{ID} 的任何分组 d_i，其标签被计算为 $\boldsymbol{b}_i = w\boldsymbol{a}_i + \boldsymbol{e}_i$，其中 $\boldsymbol{e}_i =$ RLWESampePre$(\boldsymbol{B}, \boldsymbol{T}_{\mathrm{ID}}, H_2(i), s)$。TPA通过检查等式 $\nu = \mu w + \sum_i c_i H_2(i)$ 是否成立来验证数据完整性，其中 $\mu = \sum_i c_i(\boldsymbol{B}\boldsymbol{a}_i)$ 和 $\nu = \sum_i c_i(\boldsymbol{B}\boldsymbol{b}_i)$。综上所述，RLWE-IDSCS-3方案的系统框架如下所示：

(1) Setup$(\lambda) \rightarrow (\mathrm{MSK}, \mathrm{PK})$：给定安全参数 λ，KGC确定两个整数 k 和 q。KGC计算 $\boldsymbol{T}_A = (v, \rho)$，其中 $v \leftarrow D_{\mathcal{R}_q^k, \sigma}$ 和 $\rho \leftarrow D_{\mathcal{R}_q^k, \sigma}$。KGC生成哈希散列函数 $H: \{0, 1\}^* \rightarrow \mathbb{Z}_n^{1\times n}$。因此，系统公钥 $\mathrm{PK} = (k, q, g)$，主密钥是 $\mathrm{MSK} = (\boldsymbol{T}_A, H)$。

(2) Extract(MSK, ID; PK) $\rightarrow \mathrm{SK}_{\mathrm{ID}}$：此算法与RLWE-IDSCS-1. Extract相同，此处省略。

(3) Outsource$(D_{\mathrm{ID}}; \mathrm{SK}_{\mathrm{ID}}, \mathrm{PK}) \rightarrow O_{\mathrm{ID}}$：给定用户数据 D_{ID}，用户 U_{ID} 将其数据 D_{ID} 分成 L 个数据块 $D_{\mathrm{ID}} = (\boldsymbol{d}_1, \boldsymbol{d}_2, \cdots, \boldsymbol{d}_L)$。为了保护数据隐私，用户计算 $\boldsymbol{a}_i = r_i \boldsymbol{d}_i$，其中 $r_i = H_1(i)$ 并且 $H_1: \{0, 1\}^* \rightarrow \mathcal{R}_q$。用户确定随机数 $a_{\mathrm{ID}} \in \mathcal{R}_q$，然后计算 $\boldsymbol{B} = (a_{\mathrm{ID}}, 1, g_1 - (a_{\mathrm{ID}}\rho_{1_{\mathrm{ID}}} + v_{1_{\mathrm{ID}}}), \cdots, g_k - (a_{\mathrm{ID}}\rho_{k_{\mathrm{ID}}} + v_{k_{\mathrm{ID}}}))$。接

下来，用户计算 $\boldsymbol{d}_i$ 的标签为 $\boldsymbol{b}_i = w\boldsymbol{a}_i + \boldsymbol{e}_i$，其中 $w \in \mathcal{R}_q$，$\boldsymbol{e}_i =$ RLWESamplePre$(\boldsymbol{B}, \boldsymbol{T}_{\mathrm{ID}}, H_2(i), s)$，$H_2$：$\{0, 1\}^* \to \mathcal{R}_q$。最后，用户 U_{ID} 得到其外包数据 $O_{\mathrm{ID}} = (\boldsymbol{a}_1, \boldsymbol{a}_2, \cdots, \boldsymbol{a}_L; \boldsymbol{b}_1, \boldsymbol{b}_2, \cdots, \boldsymbol{b}_L; \mathrm{ID})$，其秘密值 H_1 及其公开参数 $\boldsymbol{B}$。用户 U_{ID} 通过安全传输信道将 $\boldsymbol{w}$ 和 H_2 传输至 TPA。

(4) Audit$(\lambda, \mathrm{ID}) \to \sigma$：该算法与 RLWE-IDSCS-1. Audit 相同，此处省略。

(5) ProveID$(\sigma, O_{\mathrm{ID}}; \mathrm{PK}) \to \Gamma$：在接收到挑战序列 σ 后，云平台开始计算 $\mu = \sum_{j=1}^{\eta} c_{i_j}(\boldsymbol{B}\boldsymbol{a}_{i_j})$ 和 $\nu = \sum_{j=1}^{\eta} c_{i_j}(\boldsymbol{B}\boldsymbol{b}_{i_j})$，并将 $\Gamma = (\mu, \nu, \mathrm{ID})$ 作为数据完整性证据发送至 TPA。

(6) VerifyID$(\sigma, \Gamma; \mathrm{SK}_{\mathrm{ID}}, \mathrm{PK}) \to \zeta$：在接收到云平台的完整性证据 Γ 之后，TPA 验证等式 $\nu = \mu w + \sum_{j=1}^{\eta} c_{i_j} H_2(i_j)$ 是否成立。如果成立，TPA 输出 $\zeta = 1$；否则，TPA 输出 $\zeta = 0$。

根据第四节中对通用设计框架 G-IDSCS 方案的性能分析，RLWE-IDSCS-3 方案同样满足正确性、安全性和隐私性保障。

第六节　性能评估

本节针对 RLWE-IDSCS-1、RLWE-IDSCS-2 和 RLWE-IDSCS-3 方案进行了详尽的性能评估。本节首先从计算、存储和通信负载三个方面来评估所设计 IDSCS 方案的性能，然后与其他抗量子计算攻击的 IDSCS 方案进行了详尽的性能对比，最后给出了实验仿真的结果。设 $|D|$ 表示用户原始数据的大小，K 表示云存储用户的数量，η 表示随机审计序列的长度。另外，T_{tg_l}、T_{sp_l}、T_{bd_l}、T_{tg_r}、T_{sp_r} 和 T_{bd_r} 分别代表 LWETrapGen、LWESamplePre、LWEBasisDel、RLWETrapGen、RLWESamplePre 和 RLWEBasisDel 的计算成本。为了方便起见，本节的分析聚焦于计算负载的最高阶项，因为最高阶项最具有代表性。

一、性能分析

1. 计算负载

KGC 需要$(T_{tg_r} + KT_{bd_r})$ 的计算负载来生成系统参数以及云存储用户的私

钥。云存储用户需要$(n\lambda^2 + T_{sp_r})L$的计算负载来生成用户标签。云平台需要$n\eta\lambda^2$的计算负载来生成数据完整性证明。TPA需要$\eta\lambda^2$的计算负载来验证数据完整性。

2. 存储负载

KGC和用户都需要存储系统参数，由于系统参数往往具有λ比特，因此需要$n\lambda$的存储负载。TPA需要存储来自不同用户的审计参数(r, H_1)，因此其存储成本为$K\lambda$。云平台需要存储所有用户的数据包及其标签，其存储成本约为$2K|D|$。

3. 通信负载

通信负载主要来自TPA的审计序列和云平台的完整性证据，每次数据审计的通信负载大约为$\eta\lambda$。

二、性能对比

抗量子计算攻击的IDSCS方案的性能对比如表5-1所示。通过对比可以发现：(1)因为LWE涉及矩阵运算，所以Liu等人[72]基于LWE所设计的IDSCS方案具有最大的工作负载。本章所设计的RLWE-IDSCS-1方案利用RLWE代替LWE来改进Liu等人方案[72]，在一定程度上提升了IDSCS方案的性能。(2)本章所设计的RLWE-IDSCS-2方案性能优于RLWE-IDSCS-1方案。为了防止用户数据隐私被TPA窃取，RLWE-IDSCS-2方案采用私密的向量来进行掩码处理，而RLWE-IDSCS-1方案采用计算复杂的RLWETrapGen算法来进行掩码处理，因此RLWE-IDSCS-2方案可以有效地消除RLWE-IDSCS-1方案中RLWETrapGen算法所引入的工作负载。(3)本章所设计的RLWE-IDSCS-3方案相对于其他基于格密码的IDSCS方案，在计算、通信和存储负载方面都具有一定的性能优势。这是因为RLWE-IDSCS-3方案仅使用私密的数值来保障用户数据的隐私性，进一步地提高了方案的运行效率。

表 5-1　　基于格密码的 IDSCS 方案的性能对比

方案名称	计算负载			
	KGC	用户	云平台	TPA
Liu 等人	$T_{tg_l}+KT_{bd_l}$	$(n^2\lambda^2+T_{sp_l})L$	$\eta n\lambda^2+T_{sp_l}$	$T_{tg_l}+KT_{bd_l}$
RLWE-IDSCS-1	$T_{tg_r}+KT_{bd_r}$	$(n\lambda^2+T_{sp_r})L$	$\eta n\lambda^2+T_{sp_r}$	$\eta n\lambda^2$
RLWE-IDSCS-2	$T_{tg_r}+KT_{bd_r}$	$(n\lambda^2+T_{sp_r})L$	$\eta n\lambda^2$	$\eta n\lambda^2$
RLWE-IDSCS-3	$T_{tg_r}+KT_{bd_r}$	$(n\lambda^2+T_{sp_r})L$	$\eta n\lambda^2$	$\eta\lambda^2$

方案名称	存储负载				通信负载
	KGC	用户	云平台	TPA	
Liu 等人	$n^2\lambda$	$n^2\lambda$	$2K\|D\|$	$n^2\lambda$	$(n+\eta)\lambda$
RLWE-IDSCS-1	$n\lambda$	$n\lambda$	$2K\|D\|$	$nK\lambda$	$(n+\eta)\lambda$
RLWE-IDSCS-2	$n\lambda$	$n\lambda$	$2K\|D\|$	$nK\lambda$	$(n+\eta)\lambda$
RLWE-IDSCS-3	$n\lambda$	$n\lambda$	$2K\|D\|$	$K\lambda$	$\eta\lambda$

三、实验结果

本小节展示了基于格密码的不同 IDSCS 方案的实验结果，包括存储、通信和计算负载。实验仿真的主要工具是 ECLIPSE 2014。KGC、TPA、云平台及用户部署在四台不同的计算机上，配置为 Intel(R)Core(TM)i5-7200U CPU 和 8 GB RAM。外包用户数据“simplewiki-latest-imagelinks. sql. qz”选自经典的开源数据集合[142]，其大小为 4. 54 MB。安全参数 $\lambda=512$，数据块长度为 $n=256$，被审计用户数目为 $K=1$，审计序列长度为 $\eta=10$。实验结果汇总在表 5-2 中，进一步地证实了本章提出的 RLWE-IDSCS-3 方案相对于其他基于格密码的 IDSCS 方案具有性能优势。

表 5-2　　基于格密码的 IDSCS 方案的实验结果

方案名称	计算负载	存储负载	通信负载
Liu 等人	35. 28 ms	9. 26 MB	16. 40 KB
RLWE-IDSCS-1	11. 40 ms	9. 26 MB	16. 19 KB

续表

方案名称	计算负载	存储负载	通信负载
RLWE-IDSCS-2	9.94 ms	9.26 MB	8.18 KB
RLWE-IDSCS-3	6.77 ms	9.26 MB	352 B

第七节　小　结

本章提出了三种基于 RLWE 的 ID-SCS 方案，分别表示为 RLWE-IDSCS-1、RLWE-IDSCS-2 和 RLWE-IDSCS-3。这三种 IDSCS 方案是通过三种不同的方式进行设计的。RLWE-IDSCS-1 方案是通过改进 LWE-IDSCS 方案来进行设计的，关键设计点在于如何使用 RLWE 来实现 IDSCS 方案的功能性和安全性。RLWE-IDSCS-2 方案是通过扩展 RLWE-SCS 方案来进行设计的，关键设计点在于如何利用 KGC 进行用户私钥的分发。RLWE-IDSCS-3 方案是通过实例化所提出的通用设计框架 G-IDSCS 来进行设计的，该方案进一步地提高了基于格密码的 IDSCS 方案的运行效率。此外，基于提出的 IDSCS 方案的安全模型，对 RLWE-IDSCS-1、RLWE-IDSCS-2 和 RLWE-IDSCS-3 方案进行了详尽的理论分析。最后，本章对基于格密码的 IDSCS 方案进行了性能评估和比较，进一步地证实了构造简单的 RLWE-IDSCS-3 方案相对于其他 IDSCS 方案，具有一定的性能优势。

第六章　大规模矩阵方程的安全外包云计算方案

随着云计算技术的兴起，不仅大规模数据外包存储在云平台变得越来越普及，而且大规模计算外包至云平台进行处理也变得越来越常见。尽管外包计算可以带来了巨大的好处，但是也使得用户失去了对数据及其计算过程的最终控制权，由此引发了新的安全挑战，即：外包数据的隐私保障和外包计算结果的正确性验证。此外，安全外包云计算方案还需要能够极大地降低用户的计算负载，否则用户没有必要向云平台寻求计算服务。

本章将工程应用领域常见的大规模线性矩阵方程求解问题[144][145]作为研究对象，针对该类问题设计相应的安全外包云计算方案。第一节首先介绍了大规模矩阵方程的安全云计算方案的系统模型、威胁模型、设计目标以及数学背景等基础知识。第二节基于大规模线性矩阵方程(LME)求解问题设计了相应的安全外包云计算方案，即 LME-SCC。第三节从正确性、隐私性和安全性三个方面对所设计的 LME-SCS 方案进行了详尽的分析。第四节给出了 LME-SCS 方案详尽的性能评估。第五节根据所设计的 LME-SCC 方案，归纳总结出了基于随机置换技术设计大规模计算问题的安全外包云计算方案的通用框架，即 R-SCC。为了证明 R-SCC 方案的有效性，第六节基于 R-SCC 设计了新的大规模矩阵行列式求解的安全外包云计算方案，记为 DET-SCC，并给出了详细的性能分析。第七节对所提出方案进行了大量的实验仿真。最后，第八节对本章进行了小结。

第一节　基 础 知 识

本节首先介绍了大规模矩阵方程的安全外包云计算方案的系统模型以及

其面临的安全挑战，其次提出了方案的设计目标和系统框架，再次设计了安全模型，最后介绍了相关的数学背景。

一、系统模型和安全挑战

本小节描述了大规模矩阵方程的安全外包云计算方案的系统模型，如图6-1所示。假设用户有一个大规模的矩阵方程求解问题 $\boldsymbol{AX}=\boldsymbol{B}$，简记为 $\boldsymbol{\Phi}=(\boldsymbol{A},\boldsymbol{B})$。由于本地计算资源有限，用户选择将大规模的LME问题外包至功能强大的云平台进行求解。与此同时，由于外包计算问题可能包含用户的隐私信息，因此用户要将外包计算问题进行加密处理。为了实现这一安全目标，用户使用密钥 K 加密待外包计算的LME问题 $\boldsymbol{\Phi}$ 得到加密问题 $\boldsymbol{\Phi}_K$，然后将 $\boldsymbol{\Phi}_K$ 发送到云平台进行求解。云平台计算 $\boldsymbol{\Phi}_K$ 后，将计算结果返回给用户。利用密钥 K，用户解密云平台求解 $\boldsymbol{\Phi}_K$ 的计算结果得到原问题 $\boldsymbol{\Phi}$ 的计算结果。由于云平台返回的计算结果不一定是正确的，因此用户需要做正确性验证，防止被云平台欺骗。如果外包计算结果通过正确性验证，则被用户采纳作为原问题的解；否则将被用户直接丢弃。

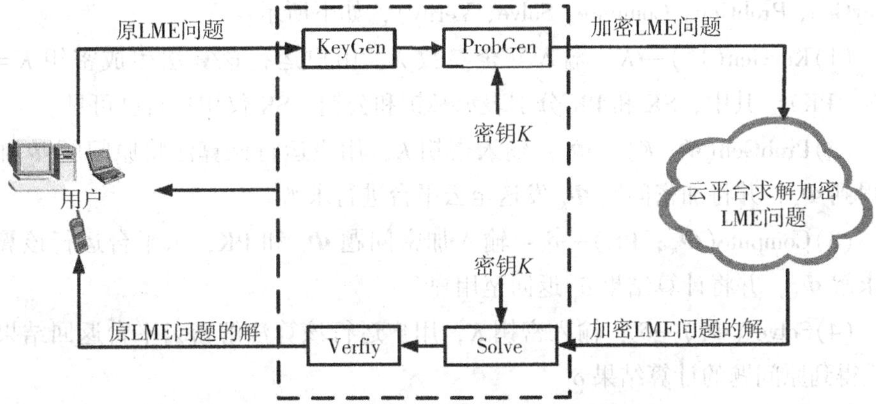

图6-1　大规模LME问题的安全云计算方案的系统模型

云平台下外包计算方案所面临的安全威胁主要来自云平台的不安全因素[146]。云平台有可能会极力地从用户的外包计算问题中破译用户的私密信息；云平台有可能不经过任何计算，而直接将随机数值作为外包计算结果反馈至用户；云平台有可能因为软件错误或者硬件故障等客观原因，导致计算错误，并将错误计算结果反馈至用户。此外，在数据传输过程中，也有可能发生异常事件导致数据丢失，使得用户无法得到正确的外包计算结果。

为了设计云平台下安全的外包计算方案，本章将基于上述安全威胁进行方案的研究和设计。

二、设计目标和系统框架

为了安全地外包计算 LME 问题，所设计的方案应该满足以下四个设计目标：

(1)正确性。如果用户和云平台都诚实地执行安全外包云计算方案，那么用户可以得到原问题的正确计算结果。

(2)隐私性。云平台无法从外包计算问题中获取原问题及其计算结果。

(3)安全性。从云平台返回的错误计算结果无法通过用户的正确性验证。

(4)高效性。相对于直接求解 LME 问题，用户通过安全外包云计算方案求解 LME 问题的计算量应该显著的减少。

安全外包云计算方案的设计框架通常包括五个部分，记为 SCC = (KeyGen, ProbGen, Compute, Solve, Verify)，如下所示：

(1) $\text{KeyGen}(1^{\lambda})\rightarrow K$：输入安全参数 λ，用户运行该算法生成密钥 $K=(SK, PK)$。其中，SK 和 PK 分别表示私钥和公钥，SK 仅用户自己可见。

(2) $\text{ProbGen}(\boldsymbol{\Phi}; K)\rightarrow\boldsymbol{\Phi}_K$：输入密钥 K，用户运行该算法将原问题 $\boldsymbol{\Phi}$ 加密得到 $\boldsymbol{\Phi}_K$，并将加密问题 $\boldsymbol{\Phi}_K$ 发送至云平台进行求解。

(3) $\text{Compute}(\boldsymbol{\Phi}_K; PK)\rightarrow\delta_y$：输入加密问题 $\boldsymbol{\Phi}_K$ 和 PK，云平台运行该算法求解 $\boldsymbol{\Phi}_K$，并将计算结果 δ_y 返回至用户。

(4) $\text{Solve}(\boldsymbol{\Phi}_K)\rightarrow\delta_x$：输入密钥 K，用户运行该算法解密云平台返回结果 δ_y，得到原问题的计算结果 δ_x。

(5) $\text{Verfiy}(\delta_x; K)\rightarrow 1\cup 0$：输入密钥 K，用户运行该算法判断外包计算结果是否正确。如果正确，用户接受 δ_x 作为原问题的解并且输出 1；否则直接丢弃并且输出 0。

三、安全模型

本小节将详细地描述安全外包云计算方案的安全模型。由于安全外包云计算方案所面临的安全挑战主要来自数据外包计算的安全性以及用户隐私性的保障。为了描述这两类攻击者的攻击行为，引入如下两个实验模型。

1. 数据外包计算的安全性

一方面，云平台可能会为了节省计算资源而返回随机值作为外包计算的结果。另一方面，用户要对外包计算结果进行正确性验证。因此，在云平台和用户之间存在不可避免的安全游戏，将其表示为 SG。在 SG 中，挑战者表现为用户，攻击者表现为云平台。定义 SG 的框架如下所示：

(1) Setup(λ)→(SK, PK)：挑战者首先调用 SCC. KeyGen 算法来生成云计算用户的私钥 SK 和公钥 PK，并将 PK 传递给攻击者。

(2) ProbQuery($\boldsymbol{\Phi}$)→$\boldsymbol{\Phi}_K$：攻击者可以查询任意类型问题的外包计算问题。假设攻击者查询某一类型问题 $\boldsymbol{\Phi}$ 的外包计算问题 $\boldsymbol{\Phi}_K$。在接收到攻击者的查询问题 $\boldsymbol{\Phi}$ 后，挑战者通过调用 SCC. ProbGen 算法来计算 $\boldsymbol{\Phi}$ 的外包计算问题 $\boldsymbol{\Phi}_K$，并将 $\boldsymbol{\Phi}_K$ 反馈至攻击者。

(3) Compute($\boldsymbol{\Phi}_K$)→δ_y：在接收到挑战者发送的外包计算问题 $\boldsymbol{\Phi}_K$ 后，攻击者发起恶意攻击，伪造 $\boldsymbol{\Phi}_K$ 的计算结果 δ_y，并将 δ_y 反馈至挑战者。

(4) Output(δ_y; SK, PK)→ζ：在接收到攻击者的计算结果 δ_y 后，挑战者首先调用 SCC. Solve 算法得到原问题 $\boldsymbol{\Phi}$ 的计算结果 δ_x，然后调用 SCC. Verfiy 算法输出布尔值 ζ。如果 $\zeta=1$，那么认为挑战者挑战失败；否则认为挑战者挑战成功。

那么，如果 Pr[SG. Output=1]=negl(λ)，则认为 SCC 方案可以有效地应对云平台的恶意攻击，其中 negl(·)表示几乎趋紧于 0 的数。这也意味着，外包计算错误的云平台几乎无法通过用户的正确性验证。基于上述讨论，可以得到 SCC 的安全性定义，如下所示：

定义 6-1 为了保障安全性，安全外包云计算方案 SCC =(KeyGen, ProbGen, Compute, Solve, Verify)应该满足 Pr[SG. Output=1]=negl(λ)。

2. 用户隐私的保障性

通常，云平台有可能为了其自身利益，利用用户外包计算问题及其计算结果去重建用户的原始问题及其计算结果。但是，用户通常并不会希望自己的隐私被未经允许地泄露。因此，在用户和云平台之间还存在着另外一个的安全游戏，将其记为 PP。在 PP 中，挑战者表现为用户，攻击者表现为云平台。定义 PP 的框架如下所示：

(1) Setup(λ)→(SK，PK)：该算法与 SG. Setup 相同，因此这里省略。

(2) ProbQuery(问题类型)→($\boldsymbol{\Phi}_K$，δ_x)：攻击者可以查询任意类型问题的外包计算问题。假设攻击者查询某一类型问题的外包计算问题 $\boldsymbol{\Phi}_K$。挑战者首先生成原问题 $\boldsymbol{\Phi}$，然后调用 SCC. ProbGen 算法来计算原问题 $\boldsymbol{\Phi}$ 的外包计算问题 $\boldsymbol{\Phi}_K$，并将 $\boldsymbol{\Phi}_K$ 反馈至攻击者。挑战者求解出原问题 $\boldsymbol{\Phi}$ 的计算结果 δ_x。

(3) Recover($\boldsymbol{\Phi}_K$；PK)→$\hat{\boldsymbol{\Phi}}$：在接收到外包计算问题 $\boldsymbol{\Phi}_K$ 后，一方面，攻击者开始重建用户原问题得到 $\hat{\boldsymbol{\Phi}}$，并将其反馈至挑战者；另一方面，攻击者先调用 SCC. Compute 算法来计算 $\boldsymbol{\Phi}_K$ 的计算结果 δ_y，再基于 δ_y 重建原问题的计算结果 $\hat{\delta}_x$，并将 $\hat{\delta}_x$ 也反馈至挑战者。

(4) Output($\hat{\boldsymbol{\Phi}}$，$\hat{\delta}_x$，$\boldsymbol{\Phi}$，δ_x)→ζ：在接收到攻击者重建的用户数据 $\hat{\boldsymbol{\Phi}}$ 和 $\hat{\delta}_x$ 后，挑战者将 $\hat{\boldsymbol{\Phi}}$ 与原问题 $\boldsymbol{\Phi}$ 进行比较，将 $\hat{\delta}_x$ 与原问题的解 δ_x 进行比较。如果 $\hat{\boldsymbol{\Phi}}=\boldsymbol{\Phi}$ 或者 $\hat{\delta}_x=\delta_x$，则挑战者输出 $\zeta=1$；否则输出 $\zeta=0$。

那么，如果 Pr[PP. Output=1]=negl(λ)，则认为 SCC 方案可以防止用户隐私泄露至云平台，即云平台无法通过外包计算问题 $\boldsymbol{\Phi}_K$ 及其计算结果 δ_y 获得原问题及其计算问题结果 δ_y。基于上述讨论，可以得到 SCC 方案的隐私性定义，如下所示：

定义 6-2　为了保障用户的隐私性，安全外包云计算方案 SCC=(KeyGen，ProbGen，Compute，Solve，Verify) 应该满足 Pr[PP. Output=1]=negl(λ)。

四、数学背景

本章使用的随机置换函数[147]如下所示：

$$\begin{pmatrix} 1 & 2 & \cdots & n \\ p_1 & p_2 & \cdots & p_n \end{pmatrix} \tag{6-1}$$

原序列位于式(6-1)的第一行，序列中各元素的映射依次位于式(6-1)的第二行。令 $\pi(i)=p_i$，其中 $i=1, 2, \cdots, n$。令 π^{-1} 表示 $\pi(i)$ 的逆函数。本章使用的 Kronecker 函数记为 δ_{xy}。根据 Kronecker 函数的定义[148]，在 $x=y$ 时，$\delta_{x,y}=1$；否则 $\delta_{x,y}=0$。此外，大规模线性矩阵方程简记为：

$$\boldsymbol{AX}=\boldsymbol{B}$$

其中，$\boldsymbol{A}$ 是一个 $n_1 \times n_2$ 矩阵，$\boldsymbol{B}$ 是一个 $n_1 \times n_3$ 矩阵，$\boldsymbol{X}$ 是待求解的 $n_2 \times n_3$ 矩阵。

表 6-1　　汇总了本章所涉及的其他数学符号

名　称	描　述
$\boldsymbol{X}_{m\times n}$	$m\times n$ 的矩阵 $\boldsymbol{X}$
$\boldsymbol{X}(i, j)$ 或者 $x_{i,j}$	矩阵 $\boldsymbol{X}$ 第 i 行第 j 列的元素
$\boldsymbol{X}^{-1}$	矩阵 $\boldsymbol{X}$ 的求逆运算
$\boldsymbol{0}$	零矩阵
$\alpha\leftarrow\Omega_\alpha$	从集合 Ω_α 中随机选择一个元素 α
$\mid\Omega\mid$	合 Ω 中元素的数目
$x\rightarrow y$	x 趋近于 y
$\Pr[A]$	事件 A 发生的概率
$\mathrm{Det}(\boldsymbol{A})$	矩阵 $\boldsymbol{A}$ 的行列式值

第二节　大规模线性矩阵方程的安全外包云计算

本节设计了大规模线性矩阵方程的安全外包计算方案，简记为 LME-SCC=(KeyGen, ProbGen, Compute, Solve, Verify)。首先介绍了 LME-SCC 的设计原理，其次分别介绍了 LME-SCC 方案的每个子算法，最后提出了 LME-SCC 方案的系统框架。

一、设计原理

安全外包计算方案的设计初衷是用户可以通过外包计算极大地降低本地负载。为了解决这个问题，首先引入引理 6-1。

引理 6-1　矩阵 $\boldsymbol{T}_1(i_1, j_1)=\alpha_{i_1}\delta_{\pi_1(i_1),j_1}$、$\boldsymbol{T}_2(i_2, j_2)=\beta_{i_2}\delta_{\pi_2(i_2),j_2}$ 和 $\boldsymbol{T}_3(i_3, j_3)=\gamma_{i_3}\delta_{\pi_3(i_3),j_3}$，其中 $1\leqslant i_1, j_1\leqslant n_1$、$1\leqslant i_2, j_2\leqslant n_2$ 和 $1\leqslant i_3, j_3\leqslant n_3$。那么可以得到：

$$\begin{cases}\boldsymbol{T}_1^{-1}(i_1, j_1)=(\alpha_{j_1})^{-1}\delta_{\pi_1^{-1}(i_1),j_1}\\ \boldsymbol{T}_2^{-1}(i_2, j_2)=(\beta_{j_2})^{-1}\delta_{\pi_2^{-1}(i_2),j_2}\\ \boldsymbol{T}_3^{-1}(i_3, j_3)=(\gamma_{j_3})^{-1}\delta_{\pi_3^{-1}(i_3),j_3}\end{cases}\tag{6-2}$$

证明　由于 $\boldsymbol{T}_k(1\leqslant k\leqslant 3)$ 的行列式满足 $\det(\boldsymbol{T}_k)\neq 0$，所以 $\boldsymbol{T}_k$ 是可逆的。根据 $\boldsymbol{T}_k$ 的定义，可以直接得到式(6-2)。

接下来，利用引理 6-1 推导出如下两个定理。

定理 6-1　如果矩阵 $\boldsymbol{C}=\boldsymbol{T}_1\boldsymbol{A}\boldsymbol{T}_2^{-1}$ 和 $\boldsymbol{D}=\boldsymbol{T}_1\boldsymbol{B}\boldsymbol{T}_3^{-1}$，则可以得到：

$$\begin{cases}\boldsymbol{C}(i_1, j_1)=\dfrac{\alpha_{i_1}}{\beta_{j_1}}\times\boldsymbol{A}(\pi_1(i_1), \pi_2(j_1))\\ \boldsymbol{D}(i_2, j_2)=\dfrac{\alpha_{i_2}}{\gamma_{j_2}}\times\boldsymbol{B}(\pi_1(i_2), \pi_3(j_2))\end{cases}\tag{6-3}$$

其中，$1\leqslant i_1, i_2\leqslant n_1$、$1\leqslant j_1\leqslant n_2$ 和 $1\leqslant j_2\leqslant n_3$。

证明　令

$$\boldsymbol{A}=\begin{pmatrix}a_{1,1} & \cdots & a_{1,n_2}\\ \vdots & \ddots & \vdots\\ a_{n,1} & \cdots & a_{n_1,n_2}\end{pmatrix}$$

可以得到：

$$\boldsymbol{T}_1\boldsymbol{A}=\begin{pmatrix}\alpha_1 a_{\pi_1(1),1} & \cdots & \alpha_1 a_{\pi_1(1),n_2}\\ \vdots & \ddots & \vdots\\ \alpha_{n_1} a_{\pi_1(i_1),1} & \cdots & \alpha_{n_1} a_{\pi_1(i_1),n_2}\\ \vdots & \ddots & \vdots\\ \alpha_{n_1} a_{\pi_1(n_1),1} & \cdots & \alpha_{n_1} a_{\pi_1(n_1),n_2}\end{pmatrix}$$

由引理 6-1 可知 $\boldsymbol{T}_2^{-1}(i, j)=(\beta_j)^{-1}\delta_{\pi_2^{-1}(i),j}$，然后可以得到：

$$T_1 A\, T_2^{-1} = \begin{pmatrix} \frac{\alpha_1}{\beta_1} a_{\pi_1(1),\pi_2(1)} & \cdots & \frac{\alpha_1}{\beta_{n_2}} a_{\pi_1(1),\pi_2(n_2)} \\ \vdots & \ddots & \vdots \\ \frac{\alpha_i}{\beta_1} a_{\pi_1(i_1),\pi_2(1)} & \cdots & \frac{\alpha_i}{\beta_{n_2}} a_{\pi_1(i_1),\pi_2(n_2)} \\ \vdots & \ddots & \vdots \\ \frac{\alpha_{n_1}}{\beta_1} a_{\pi_1(n_1),\pi_2(1)} & \cdots & \frac{\alpha_{n_1}}{\beta_{n_2}} a_{\pi_1(n_1),\pi_2(n_2)} \end{pmatrix} \tag{6-4}$$

为了方便起见，式(6-4)又可以简写为$T_1 A\, T_2^{-1} = C(i_1,\ j_1) = (\alpha_{i_1}/\beta_{j_1}) \times A(\pi_1(i_1),\ \pi_2(j_1))$。采用同样的方法，可以证明$D(i_2,\ j_2) = T_1 B\, T_3^{-1} = (\alpha_{i_2}/\gamma_{j_2}) \times B(\pi_1(i_2),\ \pi_3(j_2))$，其中$1 \leqslant i_2 \leqslant n_1$，$1 \leqslant j_2 \leqslant n_3$。定理6-1的证明完成。

定理6-2　如果矩阵$X = T_2^{-1} Y T_3$，那么可以得到：

$$X(i,\ j) = \frac{\gamma_{\pi_3^{-1}(j)}}{\beta_{\pi_2^{-1}(i)}} \times Y(\pi_2^{-1}(i),\ \pi_3^{-1}(j)) \tag{6-5}$$

其中，$1 \leqslant i \leqslant n_2$，$1 \leqslant j \leqslant n_3$。

证明　该定理的证明和定理6-1大致相同。令

$$Y = \begin{pmatrix} y_{1,1} & \cdots & y_{1,n_3} \\ \vdots & \ddots & \vdots \\ y_{n_2,1} & \cdots & y_{n_2,n_3} \end{pmatrix}$$

根据引理6-1可知$T_2^{-1}(i,\ j) = (\beta_j)^{-1} \delta_{\pi_2^{-1}(i),j}$和$T_3(i,\ j) = \gamma_i \delta_{\pi_3(i),j}$，由此可以得到：

$$T_1 A\, T_2^{-1} = \begin{pmatrix} \frac{\gamma_{\pi_3^{-1}(1)}}{\beta_{\pi_2^{-1}(1)}} y_{\pi_2^{-1}(1),\pi_3^{-1}(1)} & \cdots & \frac{\gamma_{\pi_3^{-1}(n_2)}}{\beta_{\pi_2^{-1}(1)}} y_{\pi_2^{-1}(1),\pi_3^{-1}(n_3)} \\ \vdots & \ddots & \vdots \\ \frac{\gamma_{\pi_3^{-1}(1)}}{\beta_{\pi_2^{-1}(i)}} y_{\pi_2^{-1}(i),\pi_3^{-1}(i)} & \cdots & \frac{\gamma_{\pi_3^{-1}(n_2)}}{\beta_{\pi_2^{-1}(i)}} y_{\pi_2^{-1}(i),\pi_3^{-1}(n_3)} \\ \vdots & \ddots & \\ \frac{\gamma_{\pi_3^{-1}(1)}}{\beta_{\pi_2^{-1}(n_2)}} y_{\pi_2^{-1}(n_2),\pi_3^{-1}(n_2)} & \cdots & \frac{\gamma_{\pi_3^{-1}(n_2)}}{\beta_{\pi_2^{-1}(n_2)}} y_{\pi_2^{-1}(n_2),\pi_3^{-1}(n_3)} \end{pmatrix} \tag{6-6}$$

式(6-6)又可以简化为 $\boldsymbol{X}(i,\ j)=(\gamma_{\pi_3^{-1}(j)}/\beta_{\pi_2^{-1}(i)})\times\boldsymbol{Y}(\pi_2^{-1}(i),\ \pi_3^{-1}(j))$。定理 6-2 证明完毕。

接下来介绍如何利用定理 6-1 和定理 6-2 设计 LME 的安全外包云计算方案。用户使用式(6-3)加密原问题 $\boldsymbol{\Phi}=(\boldsymbol{A},\ \boldsymbol{B})$ 得到加密问题 $\boldsymbol{\Phi}_K=(\boldsymbol{C},\ \boldsymbol{D})$。假设 $\boldsymbol{Y}$ 为外包加密问题 $\boldsymbol{\Phi}_K=(\boldsymbol{C},\ \boldsymbol{D})$ 的计算结果。当 $\boldsymbol{X}=\boldsymbol{T}_2^{-1}\boldsymbol{Y}\boldsymbol{T}_3$ 时，$\boldsymbol{A}\boldsymbol{X}=\boldsymbol{A}\,\boldsymbol{T}_2^{-1}\boldsymbol{Y}\,\boldsymbol{T}_3=\boldsymbol{A}\,\boldsymbol{T}_2^{-1}\,\boldsymbol{C}^{-1}\boldsymbol{D}\,\boldsymbol{T}_3=\boldsymbol{B}$，因此用户可以通过式(6-5)从外包计算结果得到原问题计算结果。由于式(6-3)和式(6-5)的计算复杂度都是 $O(n^2)$，所以用户外包计算 LME 问题的计算复杂度是 $O(n^2)$。考虑到直接求解 LME 问题的计算复杂度为 $O(n^\rho)(2.3\leqslant\rho\leqslant3)$[149][150]，所以用户通过外包计算 LME 问题可以极大地降低本地负载。综上所述，设计大规模线性矩阵方程的安全外包方案是完全可行的。

二、方案设计

本小节分别详细地介绍了 LME-SCC 方案的五个子算法(KeyGen, ProbGen, Compute, Solve, Verify)。

(1)KeyGen。输入安全参数 λ，用户生成密钥 K。系统密钥 K 包括三个非零随机数集合 Ω_α、Ω_β、Ω_γ 和三个随机置换函数 π_1、π_2、π_3。其中，$\Omega_\alpha=\{\alpha_1,\ \alpha_2,\ \cdots,\ \alpha_{n_1}\}$、$\Omega_\beta=\{\beta_1,\ \beta_2,\ \cdots,\ \beta_{n_2}\}$ 和 $\Omega_\gamma=\{\gamma_1,\ \gamma_2,\ \cdots,\ \gamma_{n_3}\}$。$\Omega_\alpha$、$\Omega_\beta$ 和 Ω_γ 中的每个元素的比特位都应该至少为 λ。对于 $1\leqslant k\leqslant3$，

$$\pi_k=\begin{pmatrix}1 & 2 & \cdots & n_k\\ p_1 & p_2 & \cdots & p_n\end{pmatrix}\tag{6-7}$$

根据随机置换函数的定义，$\{p_1,\ p_2,\ \cdots,\ p_{n_k}\}$ 直接由集合 $\{1,\ 2,\ \cdots,\ n_k\}$ 的随机重新排列生成。具体的实现过程请参见在算法 6-1(密钥生成子算法)，该算法的渐近时间复杂度已经被证明是最优的[151]。

算法 6-1　密钥生成算法
输入：安全参数 λ，系数矩阵的维度 n_1、n_2 和 n_3。
输出：密钥 K：$\{\alpha_1,\ \alpha_2,\ \cdots,\ \alpha_{n_1}\}$，$\{\beta_1,\ \beta_2,\ \cdots,\ \beta_{n_2}\}$，$\{\gamma_1,\ \gamma_2,\ \cdots,\ \gamma_{n_3}\}$，$\pi_1$、$\pi_2$ 和 π_3。

续表

算法 6-1 密钥生成算法
1：输入安全参数 λ 和系数矩阵维度 n_1、n_2 和 n_3，用户分别生成三组非零随机数集合 $\{\alpha_1, \alpha_2, \cdots, \alpha_{n_1}\}$，$\{\beta_1, \beta_2, \cdots, \beta_{n_2}\}$ 和 $\{\gamma_1, \gamma_2, \cdots, \gamma_{n_3}\}$。
2：随机置换函数 π_1 初始化为 $\pi_1 = \begin{pmatrix} 1 & 2 & \cdots & n_1 \\ p_1 & p_2 & \cdots & p_{n_1} \end{pmatrix}$。
3：**for** i 从 n_1 逐一递减到 2 **do**
4：　随机选择整数 $j \in [1, i]$。
5：　　交换 $\pi_1(i)$ 和 $\pi_1(j)$。
6：**end for**
7：π_2 和 π_3 可以类似地通过重复步骤 2 到步骤 6 生成。

(2) ProbGen。为了实现安全的外包计算，ProbGen 子算法将原问题 $\boldsymbol{\Phi} = (\boldsymbol{A}, \boldsymbol{B})$ 加密成 $\boldsymbol{\Phi}_K = (\boldsymbol{C}, \boldsymbol{D})$。其中，矩阵 $\boldsymbol{C}$ 和 $\boldsymbol{D}$ 主要是通过密钥 Ω_α、Ω_β、Ω_γ 和 π_1、π_2、π_3 分别将原问题系数矩阵 $\boldsymbol{A}$ 和 $\boldsymbol{B}$ 的元素的数值和位置进行随机化处理生成。具体的实现过程请参见算法 6-2(加密问题生成算法)。

算法 6-2 加密问题生成算法
输入：原 LME 中的系数矩阵 $\boldsymbol{A}$ 和 $\boldsymbol{B}$ 以及密钥 K。
输出：加密系数矩阵 $C = \boldsymbol{T}_1 \boldsymbol{A} \boldsymbol{T}_2^{-1}$ 和 $\boldsymbol{D} = \boldsymbol{T}_1 \boldsymbol{B} \boldsymbol{T}_3^{-1}$。
1：利用随机置换函数 $\pi_k (1 \leqslant k \leqslant 3)$，用户计算 $\boldsymbol{C} = \boldsymbol{T}_1 \boldsymbol{A} \boldsymbol{T}_2^{-1}$ 和 $\boldsymbol{D} = \boldsymbol{T}_1 \boldsymbol{B} \boldsymbol{T}_3^{-1}$，其中 $\boldsymbol{T}_1(i, j) = \alpha_i \delta_{\pi_1(i), j}$，$\boldsymbol{T}_2(i, j) = \beta_i \delta_{\pi_2(i), j}$ 和 $\boldsymbol{T}_3(i, j) = \gamma_i \delta_{\pi_3(i), j}$。根据定理 6-1，用户可以高效地计算 $\boldsymbol{C}$ 和 $\boldsymbol{D}$。
2：用户外包加密问题 $\boldsymbol{\Phi}_K = (\boldsymbol{C}, \boldsymbol{D})$ 至云平台进行求解。

(3) Compute。Compute 子算法用于对外包加密问题 $\boldsymbol{\Phi}_K=(\boldsymbol{C},\boldsymbol{D})$ 的求解。到目前为止，主要有两种解决 LME 问题的方法：一种是直接求解法，比如：高斯消除法[152]、LU 分解法[153] 和 Cholesky 分解法[154]。另一种是迭代求方法，如 Jacobi 迭代[155] 和 Gauss-Seidel 迭代[156]。这些方法为 $\boldsymbol{\Phi}_K$ 问题的求解提供了大量的技术支持。

(4) Solve。Solve 子算法将加密问题 $\boldsymbol{\Phi}_K$ 的计算结果 $\boldsymbol{Y}$ 进行解密得到原问题的解 $\boldsymbol{X}$。整个解密过程如下所示：利用密钥 K，用户通过计算 $\boldsymbol{X}=\boldsymbol{T}_2^{-1}\boldsymbol{Y}\boldsymbol{T}_3$ 得到原问题的解 $\boldsymbol{X}$。根据定理 6-2 所示，用户可以使用式(6-5)高效地计算 $\boldsymbol{X}$。

(5) Verify。考虑到云平台可能存在的恶意行为，用户必须对外包计算结果 $\boldsymbol{X}$ 进行正确性验证。很明显，直接通过判断 $\boldsymbol{AX}$ 是否等于 $\boldsymbol{B}$，就可以验证外包计算结果的正确性。也就是说，如果 $\boldsymbol{AX}=\boldsymbol{B}$，则 $\boldsymbol{X}$ 将被用户认为是正确的计算结果；否则将被用户直接丢弃。然而，矩阵乘法的计算复杂度为 $O(n^\rho)$ $(2.3\leqslant\rho\leqslant3)$，对用户来说仍然复杂。因此，用户应该尽量避免直接使用 $\boldsymbol{AX}=\boldsymbol{B}$ 来验证外包计算结果 $\boldsymbol{X}$ 的正确性。为了解决这一问题，本章提出降维验证算法，通过将验证过程中的二维矩阵运算转化为一维向量运算，快速地实现外包计算结果的正确性验证。算法 6-3 详细地阐述了降维验证算法的技术细节。

算法 6-3 降维验证算法

输入：计算结果 $\boldsymbol{X}$。

输出：$\boldsymbol{X}$ 是否验证成功。

1: **if** $\boldsymbol{X}$ 的矩阵维度不是 $n_2\times n_3$ **then**

2: 输出"验证失败"，算法终止。

3: **end if**

4: 用户随机生成一个 $n_3\times1$ 向量 $\boldsymbol{r}$，向量中各元素的比特位为 η。

5: 用户计算 $\boldsymbol{w}=\boldsymbol{C}\times(\boldsymbol{Y}\times\boldsymbol{r})-\boldsymbol{D}\times\boldsymbol{r}$。

6: **if** $\boldsymbol{w}\neq(0,\ \cdots,\ 0)$

7: 输出"验证失败"，算法终止。

8: **end if**

9: 输出"验证成功"。

三、系统框架

本小节介绍了 LME-SCC 的系统框架，如下所示：

(1) KeyGen(1^λ)→K：输入安全参数 λ，用户首先生成密钥 K，三组非零随机数集合 $\Omega_\alpha=\{\alpha_1, \alpha_2, \cdots, \alpha_{n_1}\}$，$\Omega_\beta=\{\beta_1, \beta_2, \cdots, \beta_{n_2}\}$ 和 $\Omega_\gamma=\{\gamma_1, \gamma_2, \cdots, \gamma_{n_3}\}$；三个随机置换函数 π_1、π_2 和 π_3，分别由整数集 $\{1, 2, \cdots, n_1\}$，$\{1, 2, \cdots, n_2\}$ 和 $\{1, 2, \cdots, n_3\}$ 生成。

(2) ProbGen($\boldsymbol{\Phi}$; K)→$\boldsymbol{\Phi}_K$：根据定理 6-1，用户加密原问题 $\boldsymbol{\Phi}$ 的系数矩阵 $\boldsymbol{A}$ 和 $\boldsymbol{B}$ 分别得到矩阵 $\boldsymbol{C}$ 和 $\boldsymbol{D}$。用户将加密后的问题 $\boldsymbol{\Phi}_K=(\boldsymbol{C}, \boldsymbol{D})$ 发送给云平台进行求解。

(3) Compute($\boldsymbol{\Phi}_K$)→$\boldsymbol{Y}$：在接收到加密系数矩阵 $\boldsymbol{C}$ 和 $\boldsymbol{D}$ 后，云平台开始求解 $\boldsymbol{CY}=\boldsymbol{D}$，然后将计算结果 $\boldsymbol{Y}$ 发回至用户。

(4) Solve($\boldsymbol{Y}$)→$\boldsymbol{X}$：根据定理 6-2，用户解密云平台计算结果 $\boldsymbol{Y}$ 得到原问题计算结果 $\boldsymbol{X}$。

(5) Verfiy($\boldsymbol{X}$; K)→q：利用提出的降维验证算法 6-3，用户判定 $\boldsymbol{X}$ 是否为原问题 $\boldsymbol{\Phi}$ 的计算结果。如果通过正确性验证，用户输出 $q=1$；否则用户输出 $q=0$。

第三节　安全分析

本节主要从正确性、隐私性和安全性三个方面详细地分析 LME-SCC 方案。

一、正确性

定理 6-2　LME-SCC 方案可以确保用户获得大规模线性矩阵方程 $\boldsymbol{AX}=\boldsymbol{B}$ 正确的计算结果 $\boldsymbol{X}$。

证明　用户通过计算 $\boldsymbol{C}=\boldsymbol{T}_1\boldsymbol{A}\boldsymbol{T}_2^{-1}$ 和 $\boldsymbol{D}=\boldsymbol{T}_1\boldsymbol{B}\boldsymbol{T}_3^{-1}$ 来加密系数矩阵 $\boldsymbol{A}$ 和 $\boldsymbol{B}$，所以 $\boldsymbol{CY}=\boldsymbol{D}$ 可以被转换为：

$$\boldsymbol{T}_1\boldsymbol{A}\,\boldsymbol{T}_2^{-1}\boldsymbol{Y}=\boldsymbol{T}_1\boldsymbol{B}\,\boldsymbol{T}_3^{-1}$$

根据引理 6-1，可以知道 $\boldsymbol{T}_1$、$\boldsymbol{T}_2$ 和 $\boldsymbol{T}_3$ 都是可逆矩阵，因此可以得到：

$$\boldsymbol{A}\,\boldsymbol{T}_2^{-1}\boldsymbol{Y}\,\boldsymbol{T}_3=\boldsymbol{B} \tag{6-8}$$

根据定理 6-2，可以得到 $\boldsymbol{X}=\boldsymbol{T}_2^{-1}\boldsymbol{Y}\boldsymbol{T}_3$。那么，

$$\boldsymbol{Y}=\boldsymbol{T}_2\boldsymbol{X}\boldsymbol{T}_3^{-1} \tag{6-9}$$

将式(6-9)代入式(6-8)得到：

$$\boldsymbol{A}\boldsymbol{T}_2^{-1}\boldsymbol{Y}\boldsymbol{T}_3=\boldsymbol{A}\boldsymbol{T}_2^{-1}\boldsymbol{T}_2\boldsymbol{X}\boldsymbol{T}_3^{-1}\boldsymbol{T}_3=\boldsymbol{AX}=\boldsymbol{B}$$

也就是说当 $\boldsymbol{X}=\boldsymbol{T}_2^{-1}\boldsymbol{Y}\boldsymbol{T}_3$ 时，$\boldsymbol{AX}=\boldsymbol{B}$。LME-SCC 方案的正确性证明完毕。

二、安全性

本小节将证明 LME-SCC 方案满足外包计算方案的安全性定义 6-1，即：

定理 6-3　LME-SCC 方案具有健壮的防云平台欺骗能力。

证明　如果用户漏检测错误外包计算结果的概率趋近于 0，那么认为 LME-SCC 方案具有健壮的防云平台欺骗能力。首先，外包计算结果 $\boldsymbol{X}$ 的正确性可以由以下两个条件保证：

(1) 根据 $\boldsymbol{AX}=\boldsymbol{B}$ 可知，由于矩阵 $\boldsymbol{A}$ 和 $\boldsymbol{B}$ 的维度分别是 $n_1\times n_2$ 和 $n_1\times n_3$，那么 $\boldsymbol{X}$ 必定是一个 $n_2\times n_3$ 的矩阵。

(2) 如果 $\boldsymbol{X}$ 是原问题的正确计算结果，那么一定会有等式 $\boldsymbol{AX}=\boldsymbol{B}$ 成立。由此可以得到：

$$\boldsymbol{w}=\boldsymbol{A}\times(\boldsymbol{Xr})-\boldsymbol{Br}=(0,\ 0,\ \cdots,\ 0)$$

其中，$\boldsymbol{r}$ 是 $n_3\times 1$ 的随机向量。

接下来证明当满足上述两个条件时，错误的外包计算结果几乎不可能通过用户的正确性验证。

(1) 如果 $\boldsymbol{X}$ 不是一个 $n_2\times n_3$ 的矩阵，那么计算结果必定是错误的，也一定无法通过用户的正确性验证，即 Pr[SG. Output = 1] = 0。

(2) 令 $\boldsymbol{E}=\boldsymbol{AX}-\boldsymbol{B}$，$\boldsymbol{w}=\boldsymbol{E}\times\boldsymbol{r}=(w_1,\ w_2,\ \cdots,\ w_{n_1})$。如果外包计算结果 $\boldsymbol{X}$ 是不正确的，这必定将导致 $\boldsymbol{AX}$ 不等于 $\boldsymbol{B}$。也就是说如果 $\boldsymbol{AX}-\boldsymbol{B}\neq 0$，那么 $\boldsymbol{E}$ 中至少存在一个元素不等于零。假设元素 $e_{ij}\neq \boldsymbol{0}$，通过矩阵向量乘法的定义，可以得到：

$$w_i=\sum_{k=1}^{n_1} e_{ik}r_k=e_{i_1}r_1+\cdots+e_{ij}r_j+\cdots+e_{in}r_{n_3}=e_{ij}r_j+y$$

其中，$y=\sum_{k=1}^{n_1} e_{ik}r_k-e_{ij}r_j$。根据全概率公式[157]，可以得到：

$$\Pr[w_i = 0] = \Pr[w_i = 0 \mid y = 0]\Pr[y = 0] + \Pr[w_i = 0 \mid y \neq 0]\Pr[y \neq 0] \tag{6-10}$$

其中，

$$\begin{cases} \Pr[w_i = 0 \mid y = 0] = \Pr[r_j = 0] \\ \Pr[w_i = 0 \mid y \neq 0] = \Pr[r_j \neq 0] \end{cases} \tag{6-11}$$

假设向量 $\boldsymbol{r}$ 的元素都是从集合[0, 1, …, R] 中随机选取的，并且 $R \geqslant 1$，$\boldsymbol{r}$ 中元素都具有 η 比特。那么可以得到：

$$\begin{cases} \Pr[r_j = 0] = \dfrac{1}{R+1} < \dfrac{1}{R} \\ \Pr[r_j \neq 0] = \dfrac{1}{R} \end{cases}$$

因此，式(6-11) 可以被转换成：

$$\begin{cases} \Pr[w_i = 0 \mid y = 0] < \dfrac{1}{R} \\ \Pr[w_i = 0 \mid y \neq 0] = \dfrac{1}{R} \end{cases} \tag{6-12}$$

将式(6-12) 代入式(6-10)，可以得到：

$$\Pr[w_i = 0] < \frac{1}{R}\Pr[y = 0] + \frac{1}{R}\Pr[y \neq 0] \tag{6-13}$$

将 $\Pr[y \neq 0] = 1 - \Pr[y = 0]$ 代入式(6-13)，可以得到：

$$\Pr[w_i = 0] < \frac{1}{R} \tag{6-14}$$

根据式(6-14)，Pr[SG. Output = 1] 可以表示为：

$$\Pr[\text{SG. Output} = 1] = \Pr[\boldsymbol{w} = (0, 0, \cdots, 0)] < \frac{1}{R} \tag{6-15}$$

又因为 $\boldsymbol{r}$ 中所有的元素都具有 η 比特，所以可以假设 $R = 2^{\eta}$。那么，由式(6-15) 可以得到：

$$\Pr[\text{SG. Output} = 1] < \frac{1}{2^{\eta}}$$

由此可以得出：在 η 足够大时，Pr[SG. Output = 1] →0。定理6-3 的证明结束。

根据以上讨论，得到的 LME-SCC 方案可以保证用户漏检错误计算结果的

概率小于 $1/2^{\eta}$。显然，较大的 η 值选择可以进一步地降低漏检测的概率。为了确保用户具有强大的防止云平台欺骗能力，本章要求 $\text{Prob}_u < 1/2^{60}$，即 $\eta = 60$。

综上所述，即使云平台存在恶意行为，LME-SCC 方案也可以有效地防止用户被云平台欺骗。

三、隐私性

基于用户隐私性定义6-2，本小节将从两个方面来研究LME-SCC方案如何保障用户的隐私性。

1. 输入隐私性

如果云平台无法从加密系数矩阵 $\boldsymbol{C}$ 和 $\boldsymbol{D}$ 中恢复出原问题 $\boldsymbol{\Phi} = (\boldsymbol{A}, \boldsymbol{B})$，则认为LME-SCC方案可以保障用户的输入隐私性。在LME-SCC方案中，原问题 $\boldsymbol{\Phi}$ 的加密过程主要包含以下两个阶段：

阶段1：利用随机置换函数，将系数矩阵 $\boldsymbol{A}$ 和 $\boldsymbol{B}$ 中每个元素的位置进行随机化重新排列得到矩阵 $\boldsymbol{C}'$ 和 $\boldsymbol{D}'$。具体的计算过程为：$\boldsymbol{C}'(i, j) = \boldsymbol{A}(\pi_1(i), \pi_2(j))$ 和 $\boldsymbol{D}'(i, k) = \boldsymbol{B}(\pi_1(i), \pi_3(k))$，其中 $1 \leqslant i \leqslant n_1$、$1 \leqslant j \leqslant n_2$ 和 $1 \leqslant k \leqslant n_3$。

阶段2：利用随机掩码技术，将矩阵 $\boldsymbol{C}'$ 和 $\boldsymbol{D}'$ 中的每个元素进行掩码处理得到矩阵 $\boldsymbol{C}$ 和 $\boldsymbol{D}$。具体的计算过程为：$\boldsymbol{C}(i, j) = \alpha_i/\beta_j \times \boldsymbol{C}'(i, j)$ 和 $\boldsymbol{D}(i, j) = \alpha_i/\gamma_k \times \boldsymbol{D}'(i, k)$，其中 $1 \leqslant i \leqslant n_1$、$1 \leqslant j \leqslant n_2$ 和 $1 \leqslant k \leqslant n_3$。

阶段1中，随机置换函数 π_k 存在 $n_k!$ 种可能的形式，其中 $1 \leqslant k \leqslant 3$。这就意味着矩阵 $\boldsymbol{C}'$ 和 $\boldsymbol{D}'$ 存在 $\prod_{k=1}^{3}(n_k!)$ 种可能形式。那么，采用暴力破解法[158] 从矩阵 $\boldsymbol{C}'$ 和 $\boldsymbol{D}'$ 恢复原系数矩阵 $\boldsymbol{A}$ 和 $\boldsymbol{B}$ 的期望时间为 $\prod_{k=1}^{3}(n_k!)$。由于 n_k 是大规模矩阵的维度，因此破解时间将会非常巨大。阶段 2 中，矩阵 $\boldsymbol{C}'$ 和 $\boldsymbol{D}'$ 中的每个元素都用非零随机数 α_i、β_j 和 γ_k 进行了随机掩码处理，其中 $1 \leqslant i \leqslant n_1$、$1 \leqslant j \leqslant n_2$ 和 $1 \leqslant k \leqslant n_3$。由于 $\alpha_i \leftarrow \Omega_\alpha$、$\beta_i \leftarrow \Omega_\beta$ 和 $\gamma_k \leftarrow \Omega_\gamma$，因此采用暴力破解法破解所有非零随机数 α_i、β_j 和 γ_k 所需要的预期时间为 $|\Omega_\alpha|^{n_1} |\Omega_\beta|^{n_2} |\Omega_\gamma|^{n_3} \approx 2^{\lambda(n_1+n_2+n_3)}$。显然，当安全参数 λ 较大时，破解的难度将会非常大。

由此可以得出：如果没有正确的密钥 K，即使是性能强大的云平台也很难从接收到的加密矩阵 $\boldsymbol{C}$ 和 $\boldsymbol{D}$ 中恢复原系数矩阵 $\boldsymbol{A}$ 和 $\boldsymbol{B}$。另外，密钥 K 在每次方案执行中都会重新生成，这将进一步保障输入的隐私性。

2. 输出隐私性

如果云平台无法从计算结果 $\boldsymbol{Y}$ 中恢复出原问题的计算结果 $\boldsymbol{X}$，则认为 LME-SCC 方案可以保障输出隐私性。根据定理 6-2，可以发现 LME-SCC 方案能够以保障输入隐私性相同的方式保障输出隐私性，因此这里不再做详细的阐述。

第四节　性能评估

本节首先全面分析了 LME-SCC 方案的性能，然后将 LME-SCC 方案与现有的经典方案进行全面的对比。

一、LME-SCC 性能分析

由于 LME-SCC 方案主要涉及用户和云平台，因此本小节主要从存储负载、通信负载和计算负载三个方面分析 LME-SCC 方案的用户和云平台性能。为了方便描述，令 n 表示 n_1、n_2 和 n_3 的最大值。

1. 用户端负载

LME-SCC 方案用户端包括如下四个子算法：LME-SCC. KeyGen、LME-SCC. ProbGen、LME-SCC. Verify 和 LME-SCC. Solve。(1) 由于用户需要存储系统密钥，包括三组非零随机数集合和三组随机置换函数，因此存储负载为 $O(6n)$。(2) 由于用户要向云平台发送加密问题 $\boldsymbol{\Phi}_K=(\boldsymbol{C},\ \boldsymbol{D})$，因此通信负载为 $O(2n^2)$。(3) 由于要生成六组数值集合，因此 KeyGen 子算法需要的时间复杂度为 $O(6n)$。在 ProbGen 子算法中，由于使用式(6-3)加密原问题，因此需要 $O(2n^2)$ 的时间复杂度。同样地，Solve 子算法消耗的时间复杂度是 $O(n^2)$。Verify 子算法主要由矩阵向量乘法所组成。又因为矩阵向量乘法的时间复杂度为 $O(n^{\rho-1})(2.3\leqslant\rho\leqslant 3)$[159][160]，所以 Verify 子算法的时间复杂度

为 $O(3n^{\rho-1}+2n)$。综上所述，在 LME-SCC 方案中用户端的总计算负载为 $O(3n^2+3n^{\rho-1}+9n)$。由于 $O(3n^2+3n^{\rho-1}+9n)<O(4n^2)$，所以 LME-SCC 方案中用户计算负载的上限为 $O(4n^2)$。另外，由于用户直接求解原 LME 问题需要 $O(n^\rho)$ 的计算负载，因此 LME-SCC 方案可以带来巨大的性能增益。

2. 云平台负载

在 LME-SCC 方案中，云平台仅包含 Compute 子算法。(1) 由于云平台不需要存储任何系统参数，因此存储负载接近为 0；(2) 由于云平台要向用户发送加密问题的解 $\boldsymbol{Y}$，因此通信负载为 $O(n^2)$。(3) 云平台可以使用任何现有的算法求解 LME 问题。当 n 足够大时，所有求解 LME 算法的计算复杂度都会收敛到 $O(n^\rho)$[161]。由于加密问题的系数矩阵维度和原问题的系数矩阵维度保持一致，所以 Compute 子算法的计算复杂度为 $O(n^\rho)$。

二、与现有工作的性能对比

Chen 等人[89]基于稀疏矩阵提出了大规模线性方程问题的外包计算方案。本小节首先讨论应用 Chen 等人的方案[89]求解 LME 问题的性能表现，然后将 Chen 等人的方案[89]与 LME-SCC 方案进行详尽的性能对比。

1. 用户端负载

Chen 等人的方案[89]在用户端同样具有四个子算法：KeyGen、ProbGen、Solve 和 Verify。(1)由于用户需要存储两个稀疏矩阵和一个随机矩阵，因此存储负载为 $O(n^2+l_n)$，其中 l_n 表示稀疏矩阵非零元素的数目；(2)由于用户需要向云平台发送加密问题 $\boldsymbol{\Phi}_K=(\boldsymbol{C},\boldsymbol{D})$，因此通信负载为 $O(2n^2)$；(3)在 KeyGen 子算法中，用户需要生成一个随机盲系数矩阵 $R_{n_2\times n_3}$、两个稀疏矩阵 $\boldsymbol{P}_{n_1\times n_1}$ 和 $\boldsymbol{Q}_{n_2\times n_2}$，因此时间复杂度是 $O(n^2+2l_n)$。对于 ProbGen 子算法，用户需要计算 $\boldsymbol{C}=\boldsymbol{PAQ}$ 和 $\boldsymbol{D}=\boldsymbol{P}(\boldsymbol{AR}+\boldsymbol{B})$。由于矩阵 $\boldsymbol{A}$、$\boldsymbol{B}$ 和 $\boldsymbol{R}$ 是稠密矩阵，$\boldsymbol{P}$ 和 $\boldsymbol{Q}$ 是稀疏矩阵，因此 ProbGen 子算法的时间复杂度是 $O(n^\rho+(1+3l^{\rho-2})n^2)$[162]。在 Solve 子算法中，用户需要计算 $\boldsymbol{X}=\boldsymbol{QY}-\boldsymbol{R}$。由于 $\boldsymbol{Q}$ 和 $\boldsymbol{Y}$ 分别是稀疏和稠密矩阵，因此 $\boldsymbol{QY}$ 的时间复杂度是 $O(l^{\rho-2}n^2)$。那么，Solve 子算法的时间复杂度是 $O((1+l^{\rho-2})n^2)$。在 Verify 子算法中，用户需要验证 $\boldsymbol{AX}-\boldsymbol{B}=$

0 是否成立。由于 $\boldsymbol{A}$ 和 $\boldsymbol{X}$ 都是稠密矩阵，所以 Verify 子算法的时间复杂度是 $O(n^\rho+n^2)$。综上所述，Chen 等人的方案[89]的用户计算负载是 $O(2n^\rho+5n^2+4ln^{\rho-1}+2l_n)$。又因为 $O(2n^\rho+4(1+l^{\rho-2})n^2+2ln)>O(2n^\rho+4n^2)$，所以在运用 Chen 等人的方案[89]来求解 LME 问题时，用户计算负载的下界是 $O(2n^\rho+4n^2)$。

2. 云平台负载

在 Chen 等人的方案[89]中，云平台的计算负载同样仅包含 Compute 子算法。(1) 由于云平台不需要存储任何系统参数，因此云平台的存储负载几乎为0；(2) 由于云平台要向用户发送加密问题的解 $\boldsymbol{Y}$，因此通信负载为 $O(n^2)$；(3) 云平台的计算负载由求解 LME 问题引入，因此时间复杂度为 $O(n^\rho)$。

通过对比可以看出，LME-SCC 方案可以节省更多的用户计算负载。在 LME-SCC 方案中，用户端时间复杂度的上限为 $O(4n^2)$。但是，在 Chen 等人的方案[89]中，用户端时间复杂度的下限为 $O(2n^\rho+4n^2)$。很明显，这两种方案在求解 LME 问题时，用户计算复杂度至少存在 $O(2n^\rho)$ 的差距。表 6-2 详细地展示了 LME-SCC 方案和 Chen 等人的方案[89]的负载对比。

表 6-2　　**LME-SCC 方案和 Chen 等人的方案[89]的性能对比**

方案名称	存储负载	通信负载	计算负载	
			用户	云平台
Chen 等人[89]	$O(n^2+l_n)$	$O(3n^2)$	$O(3n^\rho+4n^2)$	$O(n^3)$
LME-SCC	$O(6n)$	$O(3n^2)$	$O(4n^2)$	$O(n^3)$

从表 6-2 中可以看出，在求解 LME 问题时，LME-SCC 方案相对于 Chen 等人的方案[48]不仅可以降低更多的用户工作负载，而且不会增加通信开销和云平台的工作负载。考虑到外包计算方案的设计初衷就是尽可能地降低用户的工作负载，因此 LME-SCC 方案的这一性能增益是十分有意义的。而且，随着 LME 系数矩阵维度的增加，LME-SCC 方案在用户计算负载方面的性能优势将会变得越来越大。

第五节 基于随机置换技术设计安全外包云计算方案的通用框架

本节主要介绍了如何通过低计算复杂度的随机置换技术来构建特定类型的大规模计算问题的安全外包云计算方案，记为 R-SCC = (KeyGen, ProbGen, Compute, Solve, Verify)。

在 SCC 方案中，假设原始问题为 $\boldsymbol{\Phi}=(\boldsymbol{A}_1, \boldsymbol{A}_2, \cdots, \boldsymbol{A}_L)$，其中 $\boldsymbol{A}_k$ 为矩阵，$1\leqslant k\leqslant L$。由于某些计算只针对方阵(比如：求矩阵的行列式等)，因此假设 $\boldsymbol{A}_k$ 为方阵，维度为 $n_k\times n_k$。R-SCC 方案的设计可以从以下四个维度进行：

(1) 输入隐私性。类似于定理 6-1，利用随机置换函数 $\boldsymbol{T}_k(i_k, j_k)=t_{k,i_k}\delta_{\pi_k(i_k),j_k}$，计算 $\boldsymbol{A}_k$ 的加密矩阵 $\boldsymbol{B}_k$，其中 $1\leqslant i_k, j_k\leqslant n_k$。依次完成 $\boldsymbol{A}_1$, $\boldsymbol{A}_2$, $\cdots$, $\boldsymbol{A}_L$ 的加密运算，从而得到加密问题 $\boldsymbol{\Phi}_K=(\boldsymbol{B}_1, \boldsymbol{B}_2, \cdots, \boldsymbol{B}_L)$。

(2) 输出隐私性。$\boldsymbol{\Phi}_K$ 的计算结果 Y 不会泄露任何原问题信息，Y 可能为一个或者多个数值、向量和矩阵。

(3) 方案正确性。类似于定理 6-3，$\boldsymbol{\Phi}_K$ 的计算结果 Y 可以通过随机置换函数及其逆函数解密为原问题 $\boldsymbol{\Phi}$ 的解 X。

(4) 安全性。类似于算法 6-3，对 X 进行降维处理，以高效地完成外包计算结果 X 的正确性验证，防止云平台的恶意欺骗。

根据上述讨论，R-SCC 方案的设计框架如下所示：

(1) KeyGen$(1^\lambda)\rightarrow K$：输入安全参数 λ，用户首先生成密钥 K。L 组非零随机数集合 $\Omega_k=\{\omega_{k,i}, \omega_{k,2}, \cdots, \omega_{k,n_k}\}$，其中 $1\leqslant k\leqslant L$；L 个随机置换函数 π_k 分别由整数集 $\{1, 2, \cdots, n_k\}$ 生成。

(2) ProbGen$(\boldsymbol{\Phi}; K)\rightarrow\boldsymbol{\Phi}_K$：类似于定理 6-1，用户加密原问题 $\boldsymbol{\Phi}$ 的矩阵 $\boldsymbol{A}_1$, $\boldsymbol{A}_2$, $\cdots$, $\boldsymbol{A}_L$ 分别得到加密矩阵 $\boldsymbol{B}_1$, $\boldsymbol{B}_2$, $\cdots$, $\boldsymbol{B}_L$。用户将加密后的问题 $\boldsymbol{\Phi}_K=(\boldsymbol{B}_1, \boldsymbol{B}_2, \cdots, \boldsymbol{B}_L)$ 发送给云平台进行求解。

(3) Compute$(\boldsymbol{\Phi}_K)\rightarrow Y$：在接收到加密矩阵 $\boldsymbol{B}_1$, $\boldsymbol{B}_2$, $\cdots$, $\boldsymbol{B}_L$ 后，云平台开始求解加密问题 $\boldsymbol{\Phi}_K$，并将计算结果 Y 发回至用户。

(4) Solve$(Y)\rightarrow X$：类似于定理 6-2，用户解密云平台计算结果 Y 得到原

问题计算结果 X。

(5) Verfiy($\boldsymbol{X}$; K) $\rightarrow q$：类似于算法 6-3，用户通过对矩阵 X 进行降维处理，来高效地验证 X 是否为原问题 $\boldsymbol{\Phi}$ 的计算结果。如果通过正确性验证，算法输出 $q=1$；否则算法输出 $q=0$。

结合上述分析，可以发现并不是所有的大规模计算问题都可以利用 R-SCC 转换为安全外包云计算方案，例如：上三角矩阵分解、下三角矩阵分解、Cholesky 分解等。原因是这些计算问题的加密问题计算结果无法通过随机置换函数及其逆函数还原为原问题的解。下面以上三角矩阵分解问题为例进行说明。上三角矩阵分解问题的具体形式为 $\boldsymbol{A}=\boldsymbol{Q}_A\boldsymbol{R}_A$，其中 $\boldsymbol{Q}_A$ 是酉矩阵，$\boldsymbol{R}_A$ 是上三角矩阵。假设 $\boldsymbol{A}$ 的加密问题为 $\boldsymbol{B}=\boldsymbol{Q}_B\boldsymbol{R}_B$，那么利用通过随机置换函数及其逆函数作用于 $\boldsymbol{R}_B$ 时，将无可避免地破坏掉 $\boldsymbol{R}_B$ 的上三角矩阵特性，导致 $\boldsymbol{R}_B$ 无法通过随机置换函数及其逆函数还原为另外一个上三角矩阵 $\boldsymbol{R}_A$。根据 R-SCC 方案的设计框架，可以对如下大规模求解问题进行安全的外包计算处理，包括矩阵的乘法、矩阵的行列式、矩阵的求逆、线性方程的求解、矩阵的 SVD 分解、矩阵的特征值分解等。

第六节　R-SCC 方案的实例化

本节针对第五节提出的通用设计框架 R-SCC，利用矩阵的行列式求解问题进行实例化验证。目前，Lei 等人[86]已经就大规模矩阵行列式求解问题的安全外包云计算进行了研究，本节将依据 R-SCC 方案设计出新的大规模矩阵行列式求解的安全外包云计算方案，简记为 DET-SCC。

一、大规模矩阵行列式求解的安全外包云计算方案的设计原理

首先，假设待求解行列式的矩阵为 $\boldsymbol{A}$，即 $\boldsymbol{\Phi}=\boldsymbol{A}$，矩阵维度为 $n\times n$。那么，用户可以计算 $\boldsymbol{A}$ 的加密矩阵为 $\boldsymbol{B}=\boldsymbol{T}_1(\eta\cdot\boldsymbol{A})\boldsymbol{T}_2^{-1}$，从而得到外包计算问题 $\boldsymbol{\Phi}_K=\boldsymbol{B}$，其中 $\boldsymbol{T}_1(i_1, j_1)=\delta_{\pi_1(i_1), j_1}$，$\boldsymbol{T}_2(i_2, j_2)=\delta_{\pi_2(i_2), j_2}$，运算符号 · 表示 η 与矩阵 $\boldsymbol{A}$ 的任意一行或者一列做乘法运算。云平台计算 $\boldsymbol{B}$ 的上三角矩阵分解得到 $\boldsymbol{B}=\boldsymbol{QR}$，并将计算结果 $\boldsymbol{Q}$ 和 $\boldsymbol{R}$ 反馈至用户。当接收到 $\boldsymbol{Q}$ 和 $\boldsymbol{R}$ 以后，用户可以通过计算 $X=\mathrm{Det}(R)/\eta$ 得到 $\boldsymbol{A}$ 的行列式值。为了防止云平台的欺骗，用户

需要验证$\eta\cdot\boldsymbol{A}-\boldsymbol{T}_1^{-1}\boldsymbol{QRT}_2=\boldsymbol{0}$是否成立。采用矩阵降维技术来快速地验证外包计算结果正确性，此时用户的正确性验证等式变为$\eta\cdot\boldsymbol{Ar}-\boldsymbol{T}_1^{-1}\boldsymbol{Q}((\boldsymbol{RT}_2)\boldsymbol{r})=\boldsymbol{0}$。接下来直接套用 R-SCC 设计框架，就可以得到如下所示的 DET-SCC 方案：

(1) $\mathrm{KeyGen}(1^\lambda)\to K$：输入安全参数$\lambda$，用户首先生成密钥$K$。一个非零随机数$\eta$，两个由整数集$\{1, 2, \cdots, n\}$生成的随机置换函数$\pi_1$和$\pi_2$。

(2) $\mathrm{ProbGen}(\boldsymbol{\Phi};\ K)\to\boldsymbol{\Phi}_K$:，用户加密矩阵$\boldsymbol{A}$得到加密矩阵$\boldsymbol{B}=\boldsymbol{T}_1(\eta\cdot\boldsymbol{A})\boldsymbol{T}_2^{-1}$，其中$\boldsymbol{T}_1(i_1,\ j_1)=\delta_{\pi_1(i_1),\ j_1}$，$\boldsymbol{T}_2(i_2,\ j_2)=\delta_{\pi_2(i_2),\ j_2}$，·表示$\eta$与矩阵$\boldsymbol{T}_1\boldsymbol{AT}_2^{-1}$的任意一行或者一列的元素依次做乘法运算。用户将加密后的问题$\boldsymbol{\Phi}_K=\boldsymbol{B}$发送至云平台进行求解。

(3) $\mathrm{Compute}(\boldsymbol{\Phi}_K)\to\{\boldsymbol{Q},\ \boldsymbol{R}\}$：在接收到加密矩阵$\boldsymbol{B}$后，云平台开始计算加密矩阵的上三角矩阵分解，得到$\boldsymbol{B}=\boldsymbol{QR}$，然后酉矩阵$\boldsymbol{Q}$和上三角矩阵$\boldsymbol{R}$反馈至用户。

(4) $\mathrm{Solve}(\boldsymbol{Y})\to X$：用户计算原矩阵$\boldsymbol{A}$的行列式值为$X=\mathrm{Det}(R)/\eta$。

(5) $\mathrm{Verfiy}(\boldsymbol{X};\ K)\to q$：用户通过判断等式$\eta\cdot\boldsymbol{Ar}-\boldsymbol{T}_1^{-1}\boldsymbol{Q}(\boldsymbol{R}\,\boldsymbol{T}_2)\boldsymbol{r})=0$是否成立来验证$X$是否为原问题$\boldsymbol{\Phi}$的计算结果。如果通过正确性验证，算法输出$q=1$；否则算法输出$q=0$。

二、DET-SCC 方案的性能分析

DET-SCC 方案的性能分析仍然来自四个方面：正确性、安全性、隐私性和运行负载。

1. 正确性

如果云平台及其用户都严格遵循 DET-SCC 方案，那么用户可以获得大规模线性矩阵$\boldsymbol{A}$正确的行列式值。

证明　用户通过计算$\boldsymbol{B}=\boldsymbol{T}_1(\eta\cdot\boldsymbol{A})\boldsymbol{T}_2^{-1}$加密原矩阵$\boldsymbol{A}$。根据矩阵的行列式性质，可以得到：

$$\mathrm{Det}(A)=\mathrm{Det}(B)/\eta$$

又由于$\boldsymbol{B}=\boldsymbol{QR}$，因此，

$$\mathrm{Det}(B)=\mathrm{Det}(R)$$

那么,

$$\mathrm{Det}(A)=\mathrm{Det}(R)/\eta$$

DET-SCC 方案的正确性证明完毕。

2. 安全性

接下来将证明 DET-SCC 方案满足外包云计算方案的安全性定义 6-1，如下所示：

定理 6-4　DET-SCC 方案具有健壮的防云平台欺骗能力。

证明　如果用户漏检测错误外包计算结果的概率趋近于 0，那么认为 DET-SCC 方案具有健壮的防云平台欺骗能力。首先，外包计算结果 $\boldsymbol{X}$ 的正确性可以由以下两个条件保证：

(1) 根据 $\boldsymbol{B}=\boldsymbol{QR}$ 可知，矩阵 $\boldsymbol{Q}$ 和 $\boldsymbol{R}$ 的维度必须都是 $n\times n$，此外 $\boldsymbol{Q}$ 还必须是一个酉矩阵，$\boldsymbol{R}$ 还必须是一个上三角矩阵。

(2) 如果 $\boldsymbol{X}$ 是原问题的正确计算结果，那么一定会有等式 $\eta\cdot\boldsymbol{A}=\boldsymbol{T}_1^{-1}\boldsymbol{QRT}_2$ 成立。由此可以得到：

$$\boldsymbol{w}=\eta\cdot\boldsymbol{Ar}-(\boldsymbol{T}_1^{-1}\boldsymbol{Q})((\boldsymbol{RT}_2)\boldsymbol{r})=(0,\ 0,\ \cdots,\ 0)$$

其中，$\boldsymbol{r}$ 是 $n\times 1$ 的随机向量。

接下来将证明当满足上述两个条件时，错误的外包计算结果几乎不可能通过用户的正确性验证。

(1) 如果 Q 不是一个 $n\times n$ 的酉矩阵或者 $\boldsymbol{R}$ 不是一个 $n\times n$ 的上三角矩阵，那么计算结果必定是错误的，也一定无法通过用户的正确性验证，即 $\mathrm{Prob}_u=0$。

(2) 令 $\boldsymbol{E}=\eta\cdot\boldsymbol{A}-\boldsymbol{T}_1^{-1}\boldsymbol{QRT}_2$，$\boldsymbol{w}=\boldsymbol{E}\times\boldsymbol{r}=(w_1,\ w_2,\ \cdots,\ w_n)$。如果外包计算结果 $\boldsymbol{X}$ 是不正确的，那么就意味着 $\boldsymbol{B}\neq\boldsymbol{QR}$。因此，一定会有 $\boldsymbol{E}\neq\boldsymbol{0}$，即 $\boldsymbol{E}$ 中至少存在一个元素不等于零。因此，可以通过判断 $\boldsymbol{w}=\boldsymbol{0}$ 是否成立来判断 X 是否为原问题的正确计算结果。

根据以上讨论，可以得出：即使云平台存在恶意行为，DET-SCC 方案也能够有效地防止用户被云平台所欺骗。

3. 隐私性

下面将从输入隐私性和输出隐私性两个方面研究 DET-SCC 方案对用户隐

私的保护。

(1) 输入隐私性。如果云平台无法从加密系数矩阵 $\boldsymbol{B}$ 中恢复出原问题 $\boldsymbol{\Phi}=\boldsymbol{A}$，则认为 DET-SCC 方案可以保障用户的输入隐私性。在 DET-SCC 方案中，原问题 $\boldsymbol{\Phi}$ 的加密过程主要包含以下两个阶段：

阶段 1：利用随机掩码技术，对矩阵 $\boldsymbol{A}$ 中的某一行或者某一列元素进行掩码处理得到矩阵 $\boldsymbol{C}$。具体的计算过程为：$\boldsymbol{C}(i, j)=\eta\times\boldsymbol{A}(i, j)$，其中 $1\leqslant i, j\leqslant n$。

阶段 2：利用随机置换函数，将矩阵 $\boldsymbol{C}$ 中每个元素的位置进行随机化重排列得到矩阵 $\boldsymbol{B}$。具体的计算过程为：$\boldsymbol{B}(i, j)=\boldsymbol{A}(\pi_1(i), \pi_2(j))$，其中 $1\leqslant i, j\leqslant n$。

阶段 1 中，矩阵 $\boldsymbol{C}$ 中的每个元素都被 λ 比特的非零随机数 η 进行随机掩码处理，因此采用暴力破解法破解非零随机数 η 所需要的预期时间为 2^{λ}。阶段 2 中，随机置换函数 $\boldsymbol{\pi}_k$ 存在 $n!$ 种可能的形式，其中 $1\leqslant k\leqslant 2$。这就意味着矩阵 $\boldsymbol{B}$ 存在 $2(n!)$ 种可能形式。那么，采用暴力破解法从矩阵 $\boldsymbol{B}$ 中恢复出矩阵 $\boldsymbol{C}$ 的期望时间为 $2(n!)$。由于 n 是大规模矩阵的维度，因此破解时间将会非常巨大。由此可以得出：如果没有正确的密钥 K，即使是性能强大的云平台也很难从接收到的加密矩阵 $\boldsymbol{B}$ 中恢复出原矩阵 $\boldsymbol{A}$。另外，密钥 K 在每次方案执行中都会重新生成，这将进一步地保障输入的隐私性。

(2) 输出隐私性。如果云平台无法从计算结果 $\boldsymbol{Q}$ 和 $\boldsymbol{R}$ 中恢复出原问题的计算结果 X，则认为 DET-SCC 方案可以保障输出隐私性。原问题的计算结果为 $X=\mathrm{Det}(A)=\mathrm{Det}(R)/\eta$，然而云平台并不知道 η 的大小。又由于 η 是 λ 比特的，因此 η 的期望破译时间为 2^{λ}。这也意味着云平台几乎无法破译出原问题的计算结果 X。由此可以得出：DET-SCC 方案能够保障输出隐私性。

4. 运行负载

DET-SCC 方案的运行负载的分析将从用户端负载和云平台负载两个方面展开。

(1) 用户端负载。DET-SCC 方案用户端包括如下四个子算法：DET-SCC. KeyGen、DET-SCC. ProbGen、DET-SCC. Verify 和 DET-SCC. Solve。①由于用户需要存储密钥，包括一个非零随机数和两组随机置换函数，因此存储负载为 $O(2n)$；②由于用户要向云平台发送加密问题 $\boldsymbol{\Phi}_K=\boldsymbol{B}$，因此通信

负载为 $O(n^2)$；③ 由于要生成两组数值集合，因此 KeyGen 子算法需要的时间复杂度为 $O(2n)$。在 ProbGen 子算法中，采用类似于式(6-3) 的计算方法得到加密问题，需要 $O(n^2)$ 的时间复杂度。在 Solve 子算法中，需要计算上三角矩阵对角线元素的乘积，消耗的时间复杂度是 $O(n)$。Verify 子算法主要由矩阵向量乘法所组成。又因为矩阵向量乘法的时间复杂度为 $O(n^{\rho-1})(2.3 \leqslant \rho \leqslant 3)$，所以 Verify 子算法的时间复杂度为 $O(3n^{\rho-1} + 2n)$。综上所述，在 DET-SCC 方案中用户端的计算负载为 $O(n^2 + 3n^{\rho-1} + 5n)$。由于 $O(n^2 + 3n^{\rho-1} + 5n) < O(2n^2)$，所以在 DET-SCC 方案中，用户计算负载的上限为 $O(2n^2)$。另外，由于用户直接求解原问题需要 $O(n^\rho)$ 的计算负载，因此 DET-SCC 方案可以带来巨大的性能增益。

(2) 云平台负载。在 DET-SCC 方案中，云平台仅包含 Compute 子算法。① 由于云平台不需要存储任何系统参数，因此存储负载几乎为 0；② 由于云平台要向用户发送加密问题的上三角矩阵分解得到的矩阵 $\boldsymbol{Q}$ 和 $\boldsymbol{R}$，因此通信负载大约为 $O(1.5n^2)$；③ 云平台可以使用任何现有的算法来求解矩阵行列式值。当 n 足够大时，所有矩阵行列式求解算法的计算复杂度都会收敛到 $O(n^\rho)$。由于加密问题并没有改变原问题的矩阵维度，因此 Compute 子算法的计算复杂度为 $O(n^\rho)$。

根据以上讨论，可以得出：DET-SCC 方案可以极大地降低用户的计算负载，并且不会增加云平台求解矩阵行列式的计算负载。

三、进一步讨论

通过 DET-SCC 方案的成功设计，可以有效地证实提出的 R-SCC 方案对于安全外包云计算方案的设计具有良好的指导意义。基于 R-SCC 方案所设计的安全外包云计算方案由于可以巧妙地将矩阵的乘法运算转换为矩阵元素的位置置换和掩码处理，因此可以安全高效地实现原问题的加密和外包计算结果的解密。

其他大规模计算问题(例如：矩阵的乘法、矩阵的求逆、线性方程的求解、矩阵的 SVD 分解、矩阵的特征值分解等)同样可以基于 R-SCC 方案很快地设计出相应的安全外包云计算方案。由于这些 SCC 方案和 DET-SCC 方案的设计大体相似，因此本章就不再展开详细的描述。

第七节 实验仿真

本节对 LME-SCC 方案进行了大量的实验仿真。实验仿真的主要工具是 MATLAB 2018a。然而，由于 MATLAB 并不擅长处理循环运算，因此还需要通过 MATLAB 的外部接口调用 C 语言程序来解决这一问题。本节实验仿真的物理环境是：用两台电脑分别模拟用户和云平台，每台电脑的配置都是 4G Hz 的英特尔 I7-4900 CPU 和 32 GB 的 RAM；实验中网络的带宽是 100 Mbit/s。本节的实验对象是 LME 的外包计算问题，LME 系数矩阵 $A_{n_1\times n_2}$ 和 $\boldsymbol{B}_{n_1\times n_2}$ 的维度 $n_1\times n_2\times n_3$ 都被设置为从 $1500\times2000\times2500$ 逐渐递增至 $8500\times9000\times9500$。为了方便起见，本节用 $N_k=(1000+500k)\times(1500+500k)\times(2000+500k)$ 描述系数矩阵的维度，其中 $1\leqslant k\leqslant8$。云平台选择 Jacobi 迭代方法来求解 LME 问题。令 t_{original} 表示用户求解原 LME 问题的计算时间，t_{client} 表示用户所有子算法的运行时间之和，$t_{\text{original}}/t_{\text{client}}$ 表示用户在外包计算后所获得的性能增益。

安全参数设置为 $\lambda=\eta=60$。根据前文对 LME-SCC 方案的隐私性保障的分析可知：在 $\lambda=60$ 的情况下，LME-SCC 方案可以有效地保护用户的输入和输出隐私。根据 LME-SCC 方案的安全性保障的证明可知：在 $\eta=60$ 的情况下，Prob_{u} 的上界为 $1/2^{60}\approx10^{-18}$，即 LME-SCC 方案可以使得用户有效地抵抗云平台的恶意欺骗行为。此外，本节的实验也包含了应用 Chen 等人的方案[89] 来求解 LME 问题。在 Chen 等人的方案[89] 的实验中，采用经典配置设定稀疏矩阵的每行(或列) 为 10 个非零元素。

一、存储负载

表 6-3 总结了 LME-SCC 方案的存储负载。可以看到 LME-SCC 方案的存储负载随着系数矩阵维度的增加而变大。LME-SCC 方案的存储负载由用户私钥的大小决定。用户私钥包括三个非零随机数集合和三个随机置换函数，它们的大小又由系数矩阵维度决定。因此，LME-SCC 方案的存储负载和系数矩阵维度是正比关系。

表 6-3 **LME-SCC 方案的存储负载** （单位：KB）

方案名称	N_1	N_2	N_3	N_4	N_5	N_6	N_7	N_8
LWE-SCC	144	216	288	360	432	504	576	648

二、通信负载

表 6-4 总结了 LME-SCC 方案的通信负载。可以看到 LME-SCC 方案的通信负载同样随着系数矩阵维度的增加而变大。LME-SCC 方案的通信负载由加密问题 $\boldsymbol{\Phi}_K$ 和加密问题的解 Y 组成。$\boldsymbol{\Phi}_K$ 和 $\boldsymbol{Y}$ 的大小由原问题的系数矩阵维度决定。因此，LME-SCC 方案的通信负载和系数矩阵维度也成正比关系。

表 6-4 **LME-SCC 方案的通信负载** （单位：KB）

方案名称	N_1	N_2	N_3	N_4	N_5	N_6	N_7	N_8
LWE-SCC	94	214	382	598	862	1174	1524	1942

三、计算负载

为了更加直观地观察 LME-SCC 方案的计算负载，本小节统计了 LME-SCC 方案所有的子算法 KeyGen、ProbGen、Compute、Solve 和 Verify 的运行时间。表 6-5 列出了 LME-SCC 方案每个用户端子算法计算负载的实验结果。从表 6-5 中，可以看到 ProbGen 子算法所消耗的计算成本最大，几乎是 Solve 子算法的两倍。这是因为 ProbGen 子算法的计算复杂度为 $O(2n^2)$，而 Solve 子算法的计算复杂度为 $O(n^2)$。同时 KeyGen 子算法的运行时间很短，这是因为它的计算复杂度仅为 $O(6n)$。另外，还可以看到用户通过外包计算获取的性能增益随着 LME 系数矩阵维度的增加而增加。当系数矩阵的维度足够大时，用户可以获得高达 86 倍的性能增益。

表 6-5　**LME-SCC 方案的计算负载**　（单位：秒）

矩阵维度	LME	用户					云平台	性能增益
	$t_{original}$	KeyGen	ProbGen	Solve	Verify	t_{client}	Compute	$t_{original}/t_{client}$
N_1	2.3637	0.0013	0.0895	0.0491	0.0368	2.3791	0.1766	13.4×
N_2	8.8828	0.0021	0.1761	0.1011	0.0703	0.3496	8.6412	25.4×
N_3	24.4912	0.0032	0.3671	0.1965	0.1125	0.6793	25.193	36.1×
N_4	49.9579	0.0045	0.5736	0.3188	0.1637	1.0606	49.0781	47.1×
N_5	87.3756	0.0061	0.8277	0.4438	0.2293	1.5069	86.9361	58.0×
N_6	138.1212	0.0078	1.0978	0.6254	0.3087	2.0397	137.9395	67.7×
N_7	205.8662	0.0095	1.5063	0.7124	0.4070	2.6353	205.1772	78.1×
N_8	291.8865	0.0117	1.8905	0.9524	0.5225	3.3772	291.0452	86.4×

四、与现有方案的对比

本小节将从存储负载、通信负载和计算负载三个方面详细比较 LME-SCC 和 Chen 等人的方案[89]的性能。

表 6-6 给出了 Chen 等人的方案[89]的存储负载。通过表 6-3 和表 6-6 的对比，可以看到 LME-SCC 比 Chen 等人的方案[89]所需要的存储负载要小很多。这主要是因为应用 Chen 等人的方案[89]来求解 LME，用户私钥包含一个 $n_2 \times n_3$ 的稠密矩阵 $\boldsymbol{R}$。

表 6-6　**Chen 等人的方案的存储负载**　（单位：MB）

方案名称	N_1	N_2	N_3	N_4	N_5	N_6	N_7	N_8
Chen 等人[89]	40.59	84.92	145.26	221.59	313.93	422.27	546.60	686.94

图 6-2 给出了两个方案通信负载的对比。可以看到这两种方案的通信负载基本一致。这是由于在这两个方案中，用户和云平台的信息交互都是加密问题系数矩阵 $\boldsymbol{C}$ 和 $\boldsymbol{D}$ 以及加密问题计算结果 $\boldsymbol{Y}$，它们具有相同的矩阵维度。另外，通信负载随着系数矩阵维度的增加而变得越来越大，这是由于更多的矩

阵元素需要在用户和云平台之间进行交互。

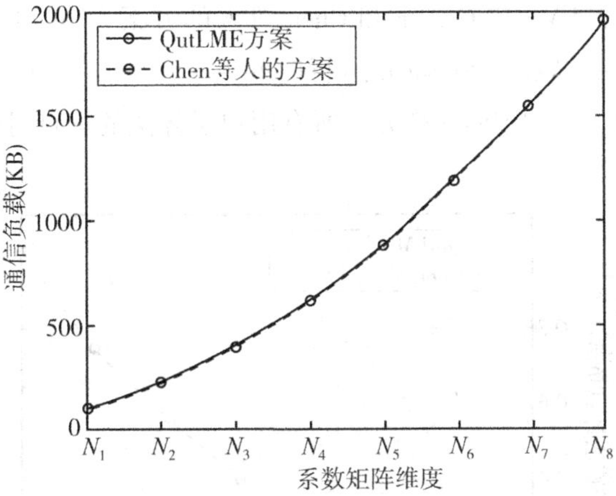

图 6-2 通信负载对比

下面分别给出两个方案在云平台和用户端的计算负载对比。其中云平台的计算负载分析主要针对 Compute 子算法，用户端的计算负载分析包括 KeyGen、ProbGen、Solve 和 Verify 4 个子算法。

图 6-3 给出了云平台计算负载的对比。从中可以看出：这两种方案的云平台计算负载几乎一致，这是因为在这两种方案中云平台使用了同样的 LME 求

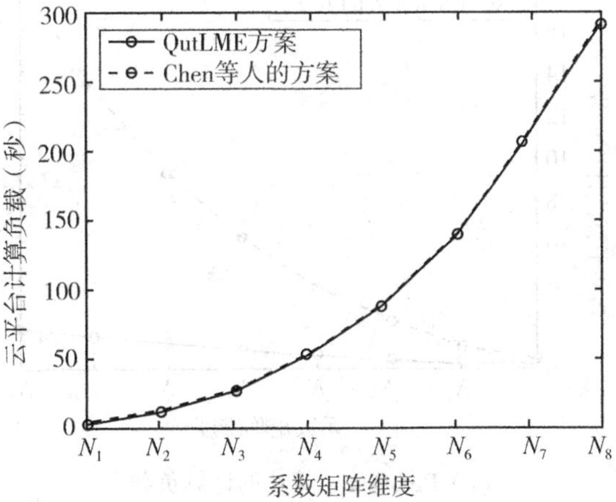

图 6-3 云平台计算负载对比

解方法。而且随着系数矩阵维度的增大，云平台求解 LME 问题所需要的时间也越来越长，这是因为更多的矩阵元素参与到了 LME 问题的求解运算。

图 6-4 给出了 LME-SCC 方案和 Chen 等人的方案[89]的四个用户端子算法 KeyGen、ProbGen、Verify 和 Solve 运行时间的对比。从中可以看出，相对于 Chen 等人的方案[89]，LME-SCC 方案所有用户子算法的运行时间都更加短。

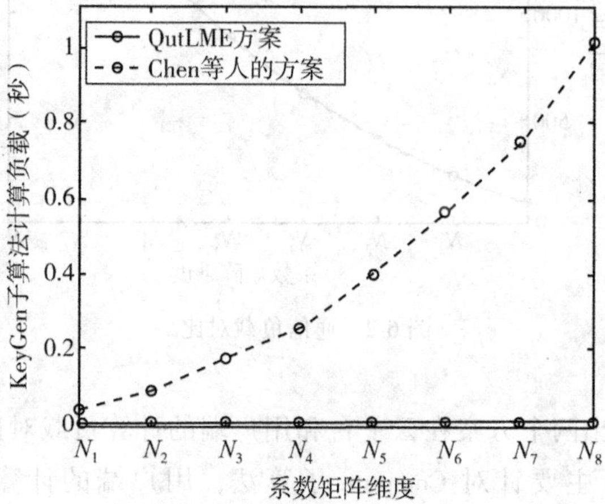

（a）KeyGen 子算法的计算负载

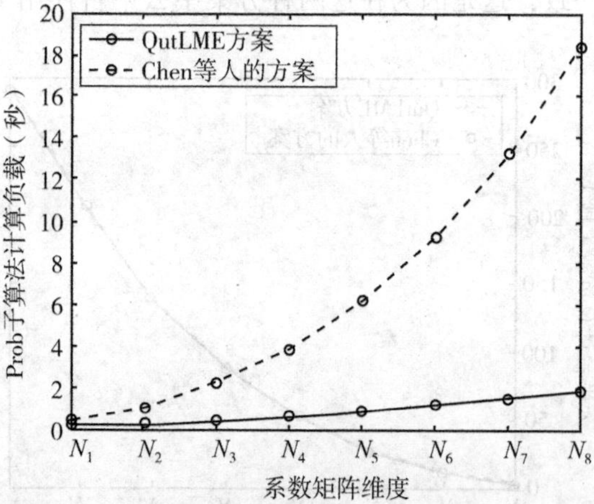

（b）ProbGen 子算法的计算负载

在 LME-SCC 方案中，用户端的计算仅仅涉及低复杂度的矩阵向量乘法运算，而在 Chen 等人的方案[89]中，用户端的计算还包含矩阵之间的乘法运算。而且，随着系数矩阵维度的增加，Chen 等人的方案[89]和 LME-SCC 方案所有用户子算法运行时间的差距也变得越来越大，这是因为 LME-SCC 方案的每个用户端子算法的计算负载数量级都要低于 Chen 等人的方案[89]。

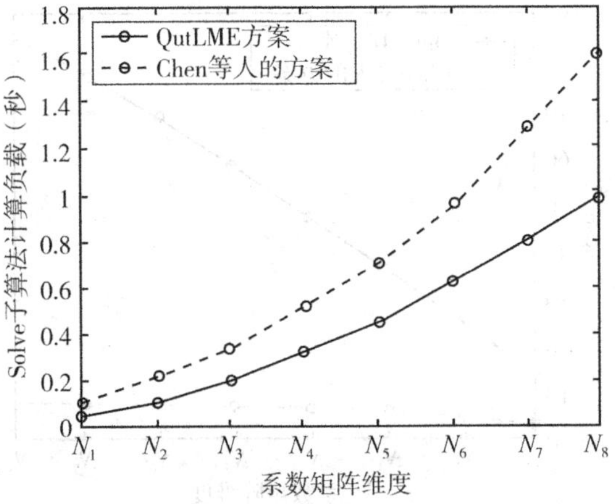

（c）Solve 子算法的计算负载

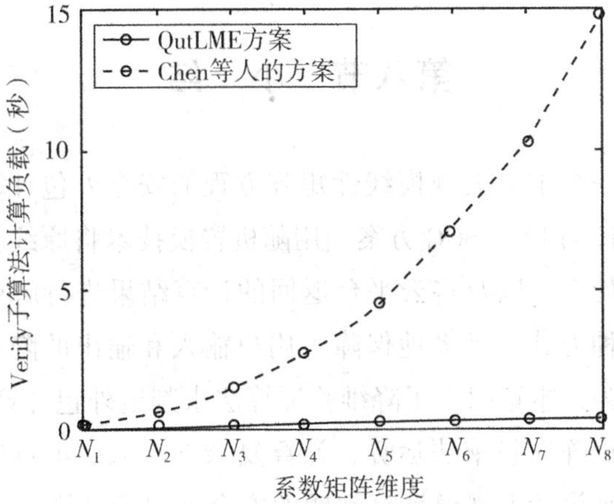

（d）Verify 子算法的计算负载

图 6-4 用户计算负载的对比

图 6-5 给出了 LME-SCC 方案和 Chen 等人的方案[89]的用户性能增益对比。从中可以看出，LME-SCC 方案带给用户的性能增益更大。而且随着 LME 系数矩阵维度的增加，LME-SCC 方案的性能优势变得越来越大。这是因为相对于 Chen 等人的方案[89]，LME-SCC 方案并不涉及复杂度较高的矩阵乘法运算，因此极大地降低了用户的计算负载，有效地提升了方案的性能增益。

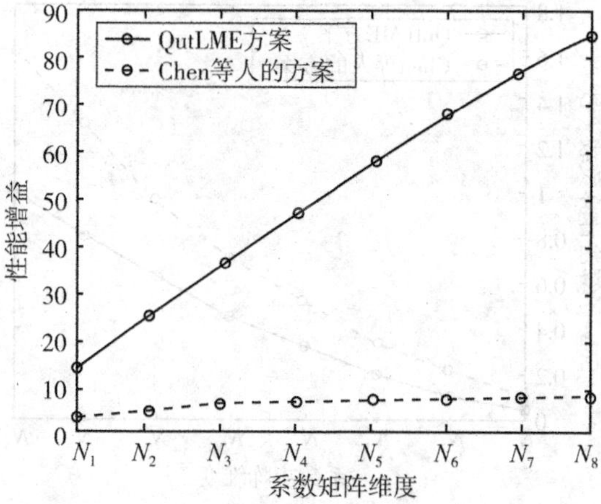

图 6-5　性能增益对比

第八节　小　结

本章提出了一个求解大规模线性矩阵方程的安全外包计算方案，简记为 LME-SCC。所设计的 LME-SCC 方案利用随机置换技术将原线性矩阵方程的系数矩阵进行加密处理，以及将云平台返回的计算结果进行解密处理得到原问题的解。通过这种方式，极大地保障了用户输入和输出的隐私性。为了应对云平台的欺骗行为，本章引入了降维验证算法来判定外包计算结果是否正确，该算法仅仅涉及矩阵向量乘法运算，计算复杂度较低。本章还研究了如何基于随机置换技术来设计大规模计算问题的安全外包云计算方案，即 R-SCC 通用设计框架。为了证明 R-SCC 的有效性，利用大规模矩阵行列式求解问题对 R-SCC 进行实例化验证，得到了新的大规模矩阵行列式求解问题的安全外包云计算方案 DET-SCC，并同样给出了详细的性能分析。最后，通过大量的理论分析和实验仿真证明，LME-SCC 方案可以安全和高效地实现 LME 问题的外包计算。

第七章　总结与展望

本章首先对本著作进行了总结，然后对未来的研究方向进行了展望。

第一节　总　结

本著作主要研究了云平台下的安全外包存储和计算问题，并从正确性、安全性和隐私性三个方面进行了详尽的分析，从理论和实证两个角度评估对所有设计方案的性能进行了详细的评估。针对安全外包云存储问题，本著作采取了层层递进、步步深入的方式展开了研究：最简单的安全外包云存储方案→支持第三方审计的安全外包云存储方案→基于用户身份的安全外包云存储方案。针对安全外包云计算问题，本著作选取了最为常见的大规模线性矩阵方程求解问题作为研究对象，详细地阐述了安全外包云计算方案的研究意义和研究方法。

一、基于同态加密算法设计安全外包云存储方案

云存储技术使得用户能够将本地海量的数据外包存储在远端的云平台，可以极大地缓解本地有限的存储资源，并能够使得用户可以在任何时间、任何地点通过任何可联网的设备来访问云平台上外包存储的数据资源，具有广泛的市场应用场景。然而，云平台对于用户数据的保护并不是万无一失的，由于软件错误、硬件故障、外部网络攻击、内部人员操作失误等客观原因，存在丢失数据的可能性。在数据丢失时，云平台为了维护自身的经济利益和商业信誉，通常不会主动告知用户数据发生丢失，甚至还会尽力掩盖用户数据丢失的事件。因此，为了保障自身的权益，用户有必要对云平台存储数据进行不定期的完整性审计，以实现安全的云存储。

本著作提出了由 HES 到数据完整性审计方案的通用设计框架，记为 H-SCS。并且在此基础之上设计了基于 RSA、Pallier 和 DGHV 的安全外包云存储方案，分别记为 RSA-SCS、Pallier-SCS 和 DGHV-SCS 方案。所设计方案使得用户能够有效地审计外包存储数据的完整性。为了扩展 H-SCS 方案支持数据动态更新功能，通过引入两个固定大小的索引向量来分别维护新增和删除数据的索引，使得用户在增加、删除和修改数据时，不需要下载原始数据和重新计算数据标签，也能够正确地审计云存储数据的完整性，从而极大地降低了数据动态更新带来的计算与通信开销。

随后基于所设计的安全模型，对 H-SCS 方案进行了详尽的性能分析，从理论上保障了所设计方案的正确性、安全性以及隐私性。最后将构建最为简单的 RSA-SCS 方案以及其他现有的 SCS 方案作为实验对象，展开了大量的实验仿真。通过实验结果的对比，发现 RSA-SCS 方案相对于已有的方案存在一定的性能优势，同时也进一步地证实了 H-SCS 方案能够实现由 HES 到数据完整性审计方案的顺利转化。

二、基于离散对数问题设计支持第三方审计的安全外包云存储方案

由于在 SCS 方案中，云平台和用户有可能对数据完整性审计的结果发生争议，比如：用户有可能为了谋求经济赔偿，而去诬陷云平台丢失了数据。为了避免由审计结果而引发的争议，支持第三方审计的安全外包云存储方案应运而生，记为 TPSCS 方案。在 TPSCS 方案中，用户通过付费的方式将数据完整性审计工作委托至公正客观的 TPA 开展，从而能够从根本上解决用户和云平台对于审计结果的争议，并且还能够进一步地降低用户的运行负载，因此 TPSCS 方案也具有自己的应用前景。

本著作提出了基于 DLP 的 TPSCS 方案，记为 DLP-TPSCS，并给出了详细的性能分析。为了防止用户的隐私泄露至 TPA，用户利用随机掩码技术对外包数据进行隐藏，使得 TPA 无法通过云平台的完整性证据重建用户的原始数据。为了扩展 DLP-SCS 方案支持数据动态更新功能，提出了一个更加简单的方法：通过引入一个固定长度的索引向量来维护新增和删除数据的索引，从而在数据动态更新后，TPA 依然能够正确地审计用户的数据。此外，归纳总结出了基于计算困难问题的 TPSCS 方案的通用设计框架，记为 G-TPSCS。利

用 ECDLP 对所提出的 G-TPSCS 设计框架进行实例化验证，从而得到了 ECDLP-TPSCS 方案，并给出了详细的性能分析。同时，还深入研究了如何扩展 H-SCS 方案支持第三方审计，得到了新的 H-TPSCS 方案，并同样给出了详细的性能分析。

最后选择构建简单的 DLP-TPSCS 方案以及其他现有的 TPSCS 方案作为实验对象，展开了大量的实验仿真。通过实验结果的对比，发现 DLP-TPSCS 方案相对于已有的方案存在一定的性能优势，这主要是因为 DLP-TPSCS 方案仅仅通过基本代数运算实现数据的安全外包存储，运算负载低。

三、基于 RLWE 问题设计基于用户身份的安全外包云存储方案

由于在 TPSCS 方案中，一个云平台很可能同时为多个用户提供云存储服务，这就需要引入公钥基础设施，通过证书颁布的方式来赋予 TPA 合法的审计权利。当多个用户同时发起数据完整性审计时，公钥基础设施的证书生成和分发工作很容易成为 TPA 完成数据完整性审计工作的瓶颈。为了解决这一问题，基于用户身份的安全外包云存储方案应运而生，记为 IDSCS 方案。在 IDSCS 方案中，密钥生成中心基于用户的身份来统一管理和分发用户的私钥，不再需要公钥基础设施通过证书颁布来对 TPA 进行审计赋权，使得任意拥有用户身份的第三方都可以完成对其云存储数据发起完整性审计，最终实现了系统审计效率的提高。此外，随着量子计算时代的不断迫近，基于传统经典密码学(大数分解问题、离散对数问题等)的安全外包云存储方案将变得不再安全。格密码作为一种被广泛认可的抗量子计算的密码学，被不断引入安全外包云存储方案的设计中。

本著作通过三种方式设计了三个基于 RLWE 的 IDSCS 方案，分别记为 RLWE-IDSCS-1、RLWE-IDSCS-2 和 RLWE-IDSCS-3 方案，并给出了详细的性能分析。其中，RLWE-IDSCS-1 和 RLWE-IDSCS-2 方案分别是通过改进已有的 LWE-IDSCS 和 RLWE-SCS 方案而得到的，RLWE-IDSCS-3 方案是通过实例化所设计的通用框架 G-IDSCS 方案而得到的。为了实现基于用户身份的密钥管理，利用随机置换函数实现了 RLWE 问题密钥的分发。

最后选择所有设计的 IDSCS 方案以及现有的 LWE-IDSCS 方案作为实验对象，展开了详尽的性能分析和实验仿真。通过理论分析和实验结果的对比，

发现 RLWE-IDSCS-3 方案相对于其他的方案具有一定的性能优势，这主要是因为其他的 IDSCS 方案的数据完整性证据是向量，而RLWE-IDSCS-3方案的数据完整性证据只是两个具体的数值，因此大大减少了运行负载。

四、大规模线性矩阵方程的安全外包云计算方案

随着云计算技术的兴起，不仅基于云平台的大规模数据安全外包存储变得普及，而且基于云平台的大规模计算安全外包求解也变得常见。安全外包计算无疑可以为本地资源受限的用户带来福音，但是也带来了不少安全风险。其中，最主要的两个安全挑战就是：(1)用户失去了对外包计算过程的监控，需要通过有效的手段来监控云平台计算结果的正确性；(2)用户将自身数据外包至云平台，需要通过有效的手段来防止隐私数据的泄露。

本著作选择最常见的线性矩阵方程求解问题作为研究对象，详细地阐述了安全外包云计算方案的研究思路。本著作利用随机置换函数设计了大规模线性矩阵方程的安全外包计算方案，记为 LME-SCC。在 LME-SCC 方案中，用户不仅可以保障原问题的私密性，而且可以保障原问题计算结果的私密性。用户在外包大规模计算之后，运算负载实现了较大程度的降低。同时，外包计算问题并不会增加云平台的求解难度。LME-SCC 方案还可以使得用户能够有效地验证云平台外包计算结果的正确性。总而言之，本著作提出的 LME-SCC 方案符合云平台外包计算系统的功能、隐私、安全、效率等多方面需求。

最后选择所设计的 LME-SCC 方案以及现有的同类方案作为实验对象，展开了详尽的实验仿真。通过实验结果的对比，发现 LME-SCC 方案相对于现有的方案具有一定的性能优势，这主要是因为现有方案包含稀疏矩阵和普通矩阵的乘法运算，而 LME-SCC 方案则完全规避掉了矩阵乘法运算，所以大大减少了运行负载。因此，本著作提出的 LME-SCC 方案可以高效和安全地求解大规模线性矩阵方程。

第二节　工作展望

云平台下的安全外包技术已经引起了越来越多研究人员的关注和投入，虽然兼具云计算与外包技术的优势，但是也继承了这两种技术中的安全风险。

云平台内部和外部的不安全因素、可能发生的恶意欺骗行为等都为云平台下安全外包存储和计算方案的设计带来了巨大的挑战。

本著作虽然对云平台的安全外包技术展开了深入的分析，但仍然存在很多可以进一步研究的领域。

一是本著作仅研究了由同态加密算法和计算困难问题到安全外包云存储方案的转化方法，是否还存在其他的网络安全方案可以转化为安全外包云存储方案仍然是一个值得深入的研究点。此外，由于基于用户身份的安全外包云存储方案更加符合实际应用的性能需求，因此有必要进一步地挖掘由网络安全方案到基于用户身份的安全外包云存储方案的转化方法。

二是本著作所提及的所有安全外包云存储方案都需要结合用户数据及其标签验证数据的完整性，导致云服务器需要同时存储用户的数据及其标签，这极大地增加了云服务器的存储负载，以及云存储系统中不同组件的计算和通信负载。另外，为了防止用户隐私泄露至云服务器，用户往往需要借助额外的安全技术来保障自己的隐私。因此，亟待研究可压缩的数据完整性审计方案，以实现仅利用数据标签验证数据完整性，使得云服务器只需要存储用户的数据标签就可以生成可验证的完整性证据。

三是本著作仅选择了常见的大规模线性矩阵方程的外包计算问题进行了研究。在实际应用中，仍然存在很多其他的大规模计算问题，这些问题的安全外包计算方案的设计同样是值得研究的。由于针对大规模求解问题的安全外包计算方案没有通用的设计框架，因此只能针对每个大规模计算问题进行具体的 SCC 方案的设计。

四是现有的安全外包云存储和云计算方案往往基于传统的计算困难问题，它们的安全性在量子计算机下不再成立，随着量子计算机问世的不断迫近，如何设计抗量子计算的云平台安全外包技术就显得很有意义。

五是雾计算作为云计算概念的延伸，克服了云计算服务的带宽限制和延迟响应等不利因素，被普遍认为是下一个重要的产业增长点[163]，如何将云平台安全外包技术应用到雾平台也是未来的一个研究方向。总而言之，云平台下的安全外包技术仍然存在许多值得探索与改进的地方，我们将继续努力研究，为安全的云计算环境持续贡献力量。

参考文献

[1]M. Ghahramani, M. Zhou, C. Hon. Toward cloud computing QoS architecture: analysis of cloud systems and cloud services. IEEE Journal of Automatica Sinica, 2017, 4(1): 6-18.

[2]T. Kraska. Finding the Needle in the Big Data Systems Haystack. IEEE Internet Computing, 2013, 17(1): 84-86.

[3]M. Armbrust, et al. A View of Cloud Computing. Communications of the ACM, 2010, 53(4): 50-58.

[4]L. Zhang. Editorial: Big Services Era: Global Trends of Cloud Computing and Big Data. IEEE Transactions on Services Computing, 2012, 5(4): 467-468.

[5]R. Chow, P. Golle, M. Jakobsson, E. Shi, J. Staddon, R. Masuoka, J. Molina. Controlling Data in the Cloud: Outsourcing Computation without Outsourcing Control. Proceedings of ACM Workshop on Cloud Computing Security, 2009: 85-90.

[6]S. Pearson, A. Benameur. Privacy, Security and Trust Issues Arising from Cloud Computing. Proceedings of International Conference on Cloud Computing Technology and Science, 2010: 693-702.

[7]Q. Zhang, L. Cheng, R. Boutaba. Cloud Computing: State-of-the-Art and Research Challenges. Journal of Internet Services and Applications, 2010, (1): 7-18.

[8]Z. Xiao, Y. Xiao. Security and Privacy in Cloud Computing. IEEE Communications Surveys Tutorials, 2013, 15(2): 843-859.

[9]C. Ardagna, R. Asal, E. Damiani, Q. Vu. From Security to Assurance in the Cloud: A Survey. ACM Computing Surveys, 2015, 48(1): 1-50.

[10] X. Chen. Introduction to Secure Outsourcing Computation. Morgan and Claypool Publishers, 2016.

[11] S. Rajeswari, R. Kalaiselvi. Survey of Data and Storage Security in Cloud Computing. Proceedings of IEEE International Conference on Circuits and Systems, 2017: 76-81.

[12] C. Moctar, K. Konaté. A Survey of Security Challenges in Cloud Computing. Proceedings of International Conference on Wireless Communications, Signal Processing and Networking, 2017: 843-849.

[13] S. Basu, A. Bardhan, K. Gupta, P. Saha, M. Pal, M. Bose, K. Basu, S. Chaudhury, P. Sarkar. Cloud Computing Security Challenges and Solutions-A survey. Proceedings of Computing and Communication Workshop and Conference, 2018: 347-356.

[14] M. Armbrust, A. Fox, R. Griffith, A. D. Joseph, R. H. Katz, A. Konwinski, G. Lee, D. A. Patterson, A. Rabkin, I. Stoica, M. Zaharia. Above the Clouds: A Berkeley View of Cloud Computing. Eecs Department University of California Berkeley, 2010, 53(4): 50-58.

[15] S. Kamara, K. Lauter. Cryptographic Cloud Storage. Proceedings of International Conference on Financial Cryptography and Data Security, 2010: 136-149.

[16] Y. Deswarte, J. Quisquater, A. Saïdane. Remote Integrity Checking. Integrity and Internal Control in Information Systems VI, Springer US, 2004: 1-11.

[17] D. Filho, P. Baretto. Demonstrating Data Possession and Uncheatable Data Transfer. International Association for Cryptologic Research ePrint Archive, 2006.

[18] R. Rivest, A. Shamir, L. Adleman. A Method for Obtaining Digital Signatures and Public-key Cryptosystems. International Journal of Advancements in Research and Technology, 2015, 4(2): 1-10.

[19] F. Sebe, J. Domingo-Ferrer, A Martinez-Balleste, Y. Deswarte, J. Quisquater. Efficient Remote Data Possession Checking in Critical Information

Infrastructures. IEEE Transactions on Knowledge and Data Engineering, 2008, 20(8): 1034-1038.

[20] A. Joux. A One Round Protocol for Tripartite Dife-Hellman. Journal of Cryptology, 2004, 17(4): 263-276.

[21] M. A. Shah, M. Baker, J. C. Mogul, et al. Auditing to Keep Online Storage Services Honest. Proceedings of USENIX on Hot Topics in Operating Systems, 2007.

[22] S. Suhaili, T. Watanabe. Design of High-Throughput SHA-256 Hash Function based on FPGA. Proceedings of International Conference on Electrical Engineering and Informatics, 2017: 1-6.

[23] A. Oprea, M. Reiter, K. Yang. Space-Efficient Block Storage Integrity. Proceedings of the Network and Distributed System Security Symposium, 2005.

[24] G. Ateniese, R. Burns, R. Curtmola, J. Herring, L. Kissner, Z. Peterson, D. Song. Provable Data Possession at Untrusted Stores. Proceedings of ACM Conference on Computer and Communications Security, 2007: 598-607.

[25] F. Sebe, J. Domingo-Ferrer, A Martinez-Balleste, Y. Deswarte, J. Quisquater. Efficient Remote Data Possession Checking in Critical Information Infrastructures. IEEE Transactions on Knowledge and Data Engineering, 2008, 20(8): 1034-1038.

[26] E. Landau. Elementary Number Theory. American Mathematical Society, 1999.

[27] A. Juels, B. Kaliski. PoRs: Proofs of Retrievability for Large Files. Proceedings of ACM Conference on Computer and Communications Security, 2007: 584-597.

[28] H. Shacham, B. Waters. Compact Proofs of Retrievability. Proceedings of International Conference on the Theory and Application of Cryptology and Information Security, 2008: 90-107.

[29] 陈春玲，齐年强，余瀚．RSA 算法的研究和改进．计算机技术与发展，2016, 26(8): 48-51.

[30] I. Blake, G. Seroussi, N. Smart. Advances in Elliptic Curve Cryptography. Cambridge University Press, 2005.

[31]岳胜，辛小龙，戢伟．计算 Weil/Tate 配对的快速算法．纺织高校基础科学学报，2009，22(3)：398-403.

[32]D. Boneh，C. Gentry，B. Lynn，H. Shacham. Aggregate and Verifiably Encrypted Signatures from Bilinear Maps. Proceedings of the International Conference on Theory and Application of Cryptographic Techniques，2003：416-432.

[33]D. Boneh，B. Lynn，H. Shacham. Short Signatures from the Weil Pairing. Proceedings of International Conference on the Theory and Application of Cryptology and Information Security，2001：514-532.

[34]J. Tsai. A New Efficient Certificateless Short Signature Scheme Using Bilinear Pairings. IEEE Systems Journal，2017，11(4)：2395-2402.

[35]F. Chen，T. Xiang，Y. Yang，S. Chow. Secure Cloud Storage Meets with Secure Network Coding. Proceedings of IEEE International Conference on Computer Communications，2014.

[36]S. Agrawal，D. Boneh. Homomorphic Macs：Mac-based Integrity for Network Coding. Proceedings of International Conference on Application of Cryptographic Network Security，2009：292-305.

[37]D. Catalano，D. Fiore，B. Warinschi. Efficient Network Coding Signatures in the Standard Model. Proceedings of International Conference on Practice Theory Public-Key Cryptography，2012：680-696.

[38]R. Curtmola，O. Khan，R. Burns，G. Ateniese. MR-PDP：Multiple-Replica Provable Data Possession. Proceedings of International Conference on Distributed Computing Systems，2008：411-420.

[39]K. Bowers，A. Juels，A. Oprea. Hail：A High-Availability and Integrity Layer for Cloud Storage. Proceedings of ACM Conference on Computer and Communications Security，2009.

[40]Z. Hao，N. Yu. A Multiple-Replica Remote Data Possession Checking Protocol with Public Verifiability. Proceedings of International Symposium on Data，2010：84-89.

[41]B. Chen，R. Curtmola，G. Ateniese，R. Burns. Remote Data Checking for

Network Coding-based Distributed Storage Systems. Proceedings of ACM Cloud Computing Security Workshop, 2010: 31-42.

[42] C. Wang, Q. Wang, K. Ren, N. Cao, W. Lou. Toward Secure and Dependable Storage Services in Cloud Computing. IEEE Transactions on Services Computing, 2012, 5(2): 220-232.

[43] Cao N, Yu S, Yang Z, et al. Lt Codes-based Secure and Reliable Cloud Storage Service. Proceedings of IEEE International Conference on Computer Communications, 2012: 693-701.

[44] C. Wang, K. Ren, W. Lou, J. Li. Towards Publicly Auditable Secure Cloud Data Storage Services. IEEE Network Magazine, 2010, 24(4): 19-24.

[45] Q. Wang, C. Wang, K. Ren, W. Lou, J. Li. Enabling Public Auditability and Data Dynamics for Storage Security in Cloud Computing. IEEE Transaction on Parallel and Distributed Systems, 2011, 22(5): 847-859.

[46] R. Merkle. Protocols for Public Key Cryptosystems. Proceedings of International Symposium Security and Privacy, 1980.

[47] R. Merkle. A Certified Digital Signature. Proceedings on Advances in Cryptology, 1989: 218-238.

[48] Y. Zhu, G. Ahn, H. Hu, S. Yau, H. An, C. Hu. Dynamic Audit Services for Outsourced Storages in Clouds. IEEE Transaction on Services Computing, 2013: 227-238.

[49] J. Groth, R. Ostrovsky, A. Sahai. New Techniques for Noninteractive Zero-Knowledge. Journal of the ACM, , 2012, 59(3): 1-35.

[50] K. Yang, X. Jia. An Efficient and Secure Dynamic Auditing Protocol for Data Storage in Cloud Computing. IEEE Transactions on Parallel and Distributed Systems, 2013, 24(9): 1717-1726.

[51] C. Wang, S. S. M. Chow, Q. Wang, K. Ren, W. Lou. Privacy-Preserving Public Auditing for Secure Cloud Storage. IEEE Transactions on Computers, 2013, 62(2): 362-375.

[52] 秦志光，王士雨，赵洋，熊虎，吴松样．云存储服务的动态数据完整性审计方案，计算机研究与发展，2015，52(10)：2192-2199.

[53] J. Raja, M. Ramakrishnan. Public Key based Third Party Auditing System using Random Masking and Bilinear Total Signature for Privacy in Public Cloud Environment. Proceedings of International Conference on Intelligent Computing and Control Systems, 2017: 1200-1205.

[54] M. Suguna, S. Shalinie. Privacy Preserving Data Auditing Protocol for Secure Storage in Mobile Cloud Computing. Proceedings of International Conference on Wireless Communications, Signal Processing and Networking, 2017: 2725-2729.

[55] 苏迪，刘竹松. 一种新型的 Merkle 哈希树云数据完整性审计方案. 计算机工程与应用，2018，54(1)：70-76.

[56] A. Küpçü. Official Arbitration with Secure Cloud Storage Application. Computer Journal, 2015, 58(4): 831-852.

[57] H. Jin, H. Jiang, K. Zhou. Dynamic and Public Auditing with Fair Arbitration for Cloud Data. IEEE Transactions on Cloud Computing, 2014, 13(9): 1-14.

[58] N. Asokan, V. Shoup, M. Waidner. Optimistic Fair Exchange of Digital Signatures. Proceedings of International Conference on the Theory and Applications of Cryptographic Techniques: Advances in Cryptology, 1998: 591-606.

[59] Y. Zhang; X. Li, Z. Han. Third Party Auditing for Service Assurance in Cloud Computing. Proceedings of EEE Global Communications Conference, 2017: 1-6.

[60] J. Zhao, C. Xu, F. Li, W. Zhang. Identity-based Public Verification with Privacy-preserving for Data Storage Security in Cloud Computing. IEICE Transactions on Fundamentals of Electronics Communications and Computer Sciences, 2013: 2709-2716.

[61] W. Wang, Q. Wu, B. Qin. Identity-based Remote Data Possession Checking in Public Clouds. IET Information Security, 2014, 8(2): 114-121.

[62] S. Tan, Y. Jia. NaEPASC: A Novel and Efficient Public Auditing Scheme for Cloud Data. Journal of Zhejiang University Computers & Electronics C, 2014,

15(9): 794-804.

[63] H. Wang. Identity-based Distributed Provable Data Possession in Multicloud Storage. IEEE Transactions on Services Computing, 2015, 8(2): 328-340.

[64] H. Wang, D. He, S. Tang. Identity-based Proxy-oriented Data Uploading and Remote Data Integrity Checking in Public Cloud. IEEE Transactions on Information Forensics and Security, 2016, 11(6): 1165-1176.

[65] Y. Yu, M. Au, G. Ateniese. Identity-based Remote Data Integrity Checking with Perfect Data Privacy Preserving for Cloud Storage. IEEE Transactions on Information Forensics and Security, 2017, 12(4): 767-778.

[66] Z. Liu, Y. Liao, X. Yang, Y. He, K. Zhao. Identity-based Remote Data Integrity Checking of Cloud Storage from Lattices. Proceedings of IEEE International Conference on Big Data Computing and Communication, 2017: 128-135.

[67] Y. Li, Y. Yu, G. Min, W. Susilo, J. Ni, K.-K. R. Choo. Fuzzy Identity-based Data Integrity Auditing for Reliable Cloud Storage Systems. IEEE Transactions on Dependable and Secure Computing, 2019, 16(1).

[68] W. Shen, J. Qin, J. Yu, R. Hao, J. Hu. Enabling Identity-based Integrity Auditing and Data Sharing with Sensitive Information Hiding for Secure Cloud Storage. IEEE Transactions on Information Forensics and Security, 2019, 14(2).

[69] H. Wang, D. He, J. Yu, Z. Wang. Incentive and Unconditionally Anonymous Identity-based Public Provable Data Possession. IEEE Transactions on Services Computing, 2016.

[70] Y. Zhang, J. Yu, R. Hao, C. Wang, K. Ren. Enabling Efficient User Revocation in Identity-based Cloud Storage Auditing for Shared Big Data. IEEE Transactions on Dependable and Secure Computing, 2018.

[71] J. Li, H. Yan, Y. Zhang. Certificateless Public Integrity Checking of Group Shared Data on Cloud Storage. IEEE Transactions on Services Computing, 2018.

[72] Z. Liu, Y. Liao, X. Yang, Y. He, K. Zhao. Identity-basedRemote Data

Integrity Checking of Cloud Storage from Lattices. Proceedings of IEEE International Conference on Big Data Computing and Communication, 2017: 128-135.

[73] C. Gentry. Fully Homomorphic Encryption Using Ideal Lattices. Proceedings of Acm Symposium on Theory of Computing, 2009, 9(4): 169-178.

[74] R. Gennaro, C. Gentry, B. Parno. Non-Interactive Verifiable Computing: Outsourcing Computation to Untrusted Workers. Lecture Notes in Computer Science, 2010, 6223(3): 465-482.

[75] A. Yao. Protocols for Secure Computations (extended abstract). Proceedings of IEEE Symposium on Foundations of Computer Science, 1982: 160-164.

[76] K. Chung, Y. Kalai, S. Vadhan. Improved Delegation of Computation Using Fully Homomorphic Encryption. Proceedings of International Conference on Advances in Cryptology, 2010: 483-501.

[77] M. J. Atallah. Secure Outsourcing of Some Computations. Purdue University, 1996.

[78] M. J. Atallah, K. Pantazopoulos, J. Rice, E. Spafford. Secure Outsourcing of Scientific Computations. Advances in Computers, 2002, 54(1): 215-272.

[79] M. J. Atallah, J. Li. Secure Outsourcing of Sequence Comparisons. International Journal of Information Security, 2005, 4(4): 277-287.

[80] M. Blanton, M. J. Atallah, K. B. Frikken, Q. Malluhi. Secure and Efficient Outsourcing of Sequence Comparisons. Lecture Notes in Computer Science, 2012, 7459: 505-522.

[81] S. Hohenberger, A. Lysyanskaya. How to Securely Outsource Cryptographic Computations. Proceedings of International Conference on Theory Cryptography, 2005: 264-282.

[82] M. Atallah, K. Frikken. Securely Outsourcing Linear Algebra Computations. Proceedings of ACM Asia Conference on Computer and Communications Security, 2010: 48-59.

[83] A. Shamir. How to Share a Secret. Communications of the ACM, 1979, 22(11): 612-613.

[84] C. Wang, K. Ren, J. Wang. Secure and Practical Outsourcing of Linear Programming in Cloud Computing. Proceedings of IEEE International Conference on Computer Communications, 2011: 820-828.

[85] X. Lei, X. Liao, T. Huang, H. Li, C. Hu. Outsourcing the Large Matrix Inversion Computation to a Public Cloud. IEEE Transaction on Cloud Computing, 2013, 1(1): 78-87.

[86] X. Lei, X. Liao, T. Huang, H. Li, C. Hu. Cloud Computing Service: The Case of Large Matrix Determinant Computation. IEEE Transaction on Services Computing, 2015, 8(5): 688-700.

[87] C. Wang, K. Ren, J. Wang, Q. Wang. Harnessing the Cloud for Securely Outsourcing Large-scale Systems of Linear Equations. IEEE Transaction on Parallel Distribution System, 2013, 24(6).

[88] F. Chen, T. Xiang, X. Lei, J. Chen. Highly Efficient Linear Regression Outsourcing to a Cloud. IEEE Transaction on Cloud Computing, 2014, 2(4): 499-508.

[89] X. Chen, X. Huang, J. LI, J. Ma, W. Lou, D. Wong. New Algorithms for Secure Outsourcing of Large-Scale Systems of Linear Equations. IEEE Transactions on Information Forensics and Security, 2015, 10(1): 69-78.

[90] 武朵朵，来齐齐，杨波．矩阵乘积的高校可验证安全外包计算．密码学报，2017，4(4)：322-332.

[91] 丁伟杰．基于单服务器的模指数安全外包计算方案，电信科学，2018，1：80-86.

[92] C. Luo, J. Ji, X. Chen, M. Li, L. Yang, P. Li. Parallel Secure Outsourcing of Large-scale Nonlinearly Constrained Nonlinear Programming Problems. IEEE Transactions on Big Data, 2018.

[93] J. Li and M. J. Atallah. Secure and Private Collaborative Linear Programming. Proceedings of International Conference on Collaborative Computing: Networking, 2006: 1-8.

[94] T. Toft. Solving Linear Programs using Multiparty Computation. Proceedings of Financial Cryptography and Data Security, 2009: 90-107.

[95] J. Vaidya. A Secure Revised Simplex Algorithm for Privacy-Preserving Linear Programming. Proceedings of International Conference on Advanced Information Networking and Applications, 2009: 347-354.

[96] O. Catrina, S. De Hoogh. Secure Multiparty Linear Programming using Fixed-Point Arithmetic. Proceedings of European Symposium on Research in Computer Securit, 2010, 6354: 134-150.

[97] P. Golle, I. Mironov. Uncheatable Distributed Computations. Topics in Cryptology—CT-RSA, 2020: 425-440.

[98] W. Du, J. Jia, M. Mangal, M. Murugesan. Uncheatable Grid Computing. Proceedings of International Conference on Distributed Computing Systems, 2004, 24: 4-11.

[99] T. Matsumoto, K. Kato, H. Imai. Speeding Up Secret Computations with Insecure Auxiliary Devices. Proceedings of Conference on the Theory and Application of Cryptography, 1990, 403: 497-506.

[100] S. Kawamura, A. Shimbo. Fast Server-Aided Secret Computation Protocols for Modular Exponentiation. IEEE Journal on Selected Areas in Communication, 1993, 11(5): 778-784.

[101] W. Leveque. Elementary Theory of Numbers. Dover Publications, 1990.

[102] R. Azarderakhsh, D. Fishbein, G. Grewal, S. Hu, D. Jao, P. Longa, R. Verma. Fast Software Implementations of Bilinear Pairings. Journal of Cryptology, 2017, 14(6): 605-619.

[103] A. Menezes, P. van Oorschot, S. Vanstone. Handbook of Applied Cryptography, CRC Press, 2001.

[104] T. ElGamal. A Public Key Cryptosystem and a Signature Scheme Based on Discrete Logarithms. IEEE Transactions on Information Theory, 1985, 31 (4): 469-472.

[105] P. Paillier. Public-Key Cryptosystems Based on Composite Degree Residuosity Classes. Cryptology EUROCRYPT 99, 1999, 5(1999): 223-238.

[106] L. Fousse, P. Lafourcade, M. Alnuaimi. Benaloh's Dense Probabilistic Encryption Revisited. Proceedings of International Conference on Progress in

Cryptology in Africa, 2010, 6737: 348-362.
[107] M. Dijk, C. Gentry, S. Halevi, V. Vaikuntanathan. Fully Homomorphic Encryption Over the Integers. Proceedings of International Conference on Theory and Applications of Cryptographic Techniques, 2010: 24-43.
[108] N. P. Smart, E. Vercauteren. Fully Homomorphic Encryption with Relatively Small Key and Ciphertext Sizes. Proceedings of International Conference on Practice and Theory in Public Key Cryptography, 2010, 6056: 420-443.
[109] C. Gentry, S. Halevi. Implementing Gentry's Fully-homomorphic Encryption Scheme. Proceedings of International Conference on the Theory and Applications of Cryptographic Techniques, 2011, 6632: 129-148.
[110] Z. Brakerski, C. Gentry, V. Vaikuntanathan. Fully Homomorphic Encryption Without Bootstrapping. ACM Transactions on Computation Theory, 2014, 6(3): 13.
[111] C. Gentry, A. Sahai, B. Waters. Homomorphic Encryption from Learning with Errors: Conceptually-Simpler, Asymptotically-Faster, Attribute-based. Advances in Cryptology, 2013: 75-92.
[112] J. Coron, Y. Dodis, C. Malinaud, P. Puniya. Merkle-Damgard Revisited: How to Construct a Hash Function. Proceedings of International Cryptology Conference, 2005: 430-448.
[113] T. Garefalakis. The Generalized Weil Pairing and the Discrete Logarithm Problem on Elliptic Curves. Theoretical Computer Science, 2004, 321(1): 59-72.
[114] D. Stinson. Cryptography: Theory and Practice. Chapman Hall CRC, 2005.
[115] C. Diem. On the Discrete Logarithm Problem in Elliptic Curves. Algebra and Number Theory, 2013, 7(6): 1281-1323.
[116] J. Choon, J. Cheon. An Identity-Based Signature from Gap DifeHellman Groups. Proceedings of Public Key Cryptography, 2003: 18-30.
[117] D. Boneh. The Decision Dife-Hellman Problem. Proceedings of Algorithmic Number Theory Symposium, 1998: 48-63.
[118] D. Boneh, X. Boyen. Short Signatures Without Random Oracles. Proceedings

of EUROCRYPT, 2004: 56-73.

[119] Y. Yu, B. Yang, Y. Sun, S. Zhu. Identity based Signcryption Scheme without Random Oracles. Proceedings of Computer Standards and Interfaces, 2007: 56-62.

[120] V. Lyubashevsky, C. Peikert, O. Regev. On Ieal Lattices and Learning with Errors over Rings. Journal of the ACM, 2013, 60(6): 1-35.

[121] C. Gentry, C. Peikert, V. Vaikuntanathan. Trapdoors for Hard Lattices and New Cryptographic Constructions. Proceedings of ACM Symposium on Theory of Computing, 2008: 197-206.

[122] S. Agrawal, D. Boneh, X. Boyen. Lattice Basis Delegation in Fixed Dimension and Shorter-ciphertext Hierarchical IBE. Proceedings of CRYPTO, 2010: 98-115.

[123] S. Goldwasser, S. Micali. Probabilistic encryption. Journal of Computer and System Sciences, 1984, 28: 270-299.

[124] J. Katz, Y. Lindell. Introduction to Modern Cryptography. Chapman and Hall/CRC, 2014.

[125] R. Canetti, O. Goldreich, S. Halevi. The Random Oracle Methodology, Revisited. Journal of the ACM, 2004, 51(4): 557-594.

[126] A. Stoughton, M. Varia. Mechanizing the Proof of Adaptive, Information-Theoretic Security of Cryptographic Protocols in the Random Oracle Model. Proceedings of IEEE Conference on Computer Security Foundations Symposium, 2017: 83-99.

[127] O. Goldreich, S. Goldwasser, S. Micali. How to Construct Random Functions. Journal of the ACM, 2015, 33(4): 792-807.

[128] W. Stallings. Cryptography and Network Security: Principles and Practice, Seventh edition. Pearson Education Press, 2016.

[129] X. Wang. The Design and Analysis of Computer Algorithms. Electronic Industry Press, 2012.

[130] Wikipedia. Wikipedia Dump Service. https: dumps. wikimedia. org/simplewiki/la-test, 2016.

[131] J. Pollard. Monte Carlo Methods for Index Computation. Mathematics of Computation, 1978, 32(143): 918-924.

[132] S. Pohlig, M. Hellman. An Improved Algorithm for Computing Logarithms over GF (p) and its Cryptographic Significance. IEEE Transaction on Information Theory, 1978, 24(1): 106-110.

[133] H. Cohen. A Course in Computational Algebraic Number Theory. Mathematical Gazette, 2010, 26(2): 211-244.

[134] W. Nagao, Y. Manabe, T. Okamoto. A Universally Composable Secure Channel based on the KEM-DEM Framework. Proceedings of International Conference on Theory of Cryptography, 2005: 426-444.

[135] T. Kleinjung, K. Aoki, J. Franke, A. Lenstra, J. Bos, P. Gaudry, A. Kruppa, P. Montgomery, D. Osvik, H. Riele, A. Timofeev, P. Zimmermann. Factorization of a 768-bit RSA modulus. Proceedings of International Conference on Advances in Cryptology, 2010, 6223: 333-350.

[136] D. Micciancio. The Shortest Vector in a Lattice is Hard to Approximate to within Some Constant. Symposium on Foundations of Computer Science, 1998, 30(6): 92-98.

[137] S. Khot. Hardness of Approximating the Shortest Vector Problem in Lattices. Proceedings of IEEE Symposium on Foundations of Computer Science, 2004: 126-135.

[138] M. Alekhnovich, S. A. Khot, G. Kindler, N. K. Vishnoi. Hardness of Approximating the Closest Vector Problem with Pre-processing. Proceedings of IEEE Symposium on Foundations of Computer Science, 2005: 216-225.

[139] P. Shor. Algorithms for quantum computation: discrete logarithms and factoring. Proceedings of the Symposium on Foundations of Computer Science, 1994: 124-134.

[140] H. Zhang, M. Tang. Cryptography Introduction. Wuhan University Press, 2015.

[141] W. Stallings. Cryptography and Network Security: Principles and Practice. Pearson Education Press, 2016.

[142] WikipeSCS. WikipeSCS dump service. https: //dumps. wikimeSCS. org/simplewiki/latest, 2016.

[143] Y. Yang, Q. Huang, F. Chen. Secure cloud storage based on RLWE problem. IEEE Access, 2019.

[144] V. Prakash, S. Kwon, R. Mittra. An Efficient Solution of a Dense System of Linear Equations Arising in the Method-of Moments Formulation. Microwave and Optical Technology Letters, 2002, 33(3): 196-200.

[145] B. Carpentieri, G. Eads, L. Cerfacs, G. Cea, S. Cermics. Sparse Preconditioners for Dense Linear Systems from Electromagnetic Applications. Bibliogr, 2002.

[146] Y. Lindell, B. Pinkas. Secure Multiparty Computation for Privacy-Preserving Data Mining. Journal of Privacy and Confidentiality, 2009, 1(1).

[147] R. Lyndon, P. Schupp, R. Lyndon, P. Schupp. Combinatorial Group Theory. Springer-Verlag Berlin, 2001.

[148] G. Arfken, H. Weber, F. Harris. Mathematical Methods for Physicists: A Comprehensive Guide. Academic Press, 2011.

[149] T. Cormen, C. Leiserson, R. Rivest, C. Stein. Introduction to Algorithms, MIT Press, 2008.

[150] J. Demmel. Applied Numerical Linear Algebra. Tsinghua University Press, 2001.

[151] D. Knuth. The Art of Computer Programming. Addison-Wesley Professional, 1997.

[152] H. Yao, W. Luo. Solving Linear Equations using Gaussian Elimination. Journal of Guizhou University, 2004: 1060-1061.

[153] G. Shabat, Y. Shmueli, Y. Aizenbud, A. Averbuch. Randomized LU Decomposition. Proceddings of Applied and Computational Harmonic Analysis, 2016.

[154] Y. Chen, T. Davis, W. Hager, S. Rajamanickam. Algorithm 887: CHOLMOD, Supernodal Sparse Cholesky Factorization and Update/Downdate. Acm Transactions on Mathematical Software, 2008, 35(3).

[155] J. Adsuara, I. Carrión, P. Durán, M. Aloy. Scheduled Relaxation Jacobi

Method: Improvements and Applications. Journal of Computational Physics, 2016, 321: 369-413.

[156] Q. Liu. On the improved Gauss-Seidel method for linear systems. Proceedings of Wseas International Conference on Circuits, 2009: 105-109.

[157] R. Durrett. Probability: Theory and Examples. Cambridge University Press, 2010.

[158] M. Burnett. Blocking Brute Force Attacks. UVA Computer Science, 2007.

[159] V. Strassen. Gaussian Elimination is Not Optimal. Numerische Mathematik, 1969, 13(4): 354-356.

[160] D. Coppersmith, S. Winograd. Matrix Multiplication via Arithmetic Progressions. Journal Symbolic Computation, 1990, 9(3): 251-280.

[161] Y. Saad. Iterative Methods for Sparse Linear Systems. Society for Industrial and Applied Mathematic, 2003.

[162] M. Gondree, Z. Peterson. Geolocation of data in the cloud. Proceedings of ACM Conference on Data Application Security and Privacy, 2013: 25-36.

[163] P. Hu, S. Dhelim, H. Ning, T. Qiu. Survey on Fog Computing: Architecture, Key Technologies, Applications and Open Issues. Journal of Network and Computer Applications, 2017(98): 27-42.